现代创意新思维 DESIGN
十三五高等院校
艺术设计规划教材

3ds Max&Vray&Photoshop

室内装修效果图 表现技法

附微课视频

王海文 熊晓波 徐璐 主编

雷雅琴 徐梦 闫晓华 副主编

U0276557

人民邮电出版社

北　京

图书在版编目（CIP）数据

3ds Max&Vray&Photoshop室内装修效果图表现技法：
附微课视频 / 王海文，熊晓波，徐璐主编. -- 北京：
人民邮电出版社，2018.6
现代创意新思维·十三五高等院校艺术设计规划教材
ISBN 978-7-115-47671-5

Ⅰ. ①3… Ⅱ. ①王… ②熊… ③徐… Ⅲ. ①室内装
饰设计－计算机辅助设计－三维动画软件－高等学校－教
材 Ⅳ. ①TU238-39

中国版本图书馆CIP数据核字(2018)第000232号

内 容 提 要

本书主要介绍 3ds Max 2016&VRay 3.0&Photoshop CS6 在室内装修效果图表现中的技法，通过由
浅入深、理论与实践相结合的教学方式，带领读者全面、深入地掌握室内装修效果图的制作过程。

本书的最大特点就是讲解与练习相结合，使读者学以致用。全书共 12 章，其中第 1～5 章主要介
绍 3ds Max 2016 和 VRay 3.0 在效果图制作中的建模、构图、灯光、材质和渲染方面的内容；第 6 章
主要介绍 Photoshop CS6 在效果图后期处理中的应用；第 7～12 章是综合案例，以实际操作为主进行
综合训练， 每个案例都是笔者从工作中精心挑选出来的，具有较强的代表性，通过对每个案例的详细
讲解使读者对同类型的项目有一个透彻的理解。

本书既可作为各级院校室内设计等专业教材，也适合环境艺术设计的从业人员和爱好者阅读参考。

◆ 主　　编　王海文　熊晓波　徐　璐

　　副主编　雷雅琴　徐　梦　闫晓华

　　责任编辑　刘　佳

　　责任印制　马振武

◆ 人民邮电出版社出版发行　　北京市丰台区成寿寺路 11 号

　　邮编　100164　　电子邮件　315@ptpress.com.cn

　　网址　http://www.ptpress.com.cn

　　廊坊市印艺阁数字科技有限公司印刷

◆ 开本：787×1092　1/16

　　印张：14.25　　　　　　　　2018 年 6 月第 1 版

　　字数：521 千字　　　　　　2025 年 1 月河北第 11 次印刷

定价：69.80 元

读者服务热线：(010)81055256　印装质量热线：(010)81055316
反盗版热线：(010)81055315
广告经营许可证：京东市监广登字 20170147 号

前言

⊙ 室内装修效果图表现技法

　　室内装修效果图表现是通过3ds Max、VRay和Photoshop3种软件共同完成的。全书从实用角度出发，全面、系统地讲解了中文版3ds Max 2016、 VRay3.0渲染器和Photoshop CS6在效果图中的所有应用功能和操作技法，涵盖了建模、摄影机、灯光、材质、渲染、后期处理在效果图制作中的常用功能。全书以理论讲解＋实例练习＋综合案例的方式介绍效果图制作的软件操作和表现技法。

⊙ 使用本书，3步学会效室内装修果图表现技法

1 理论讲解，掌握软件功能的操作方法

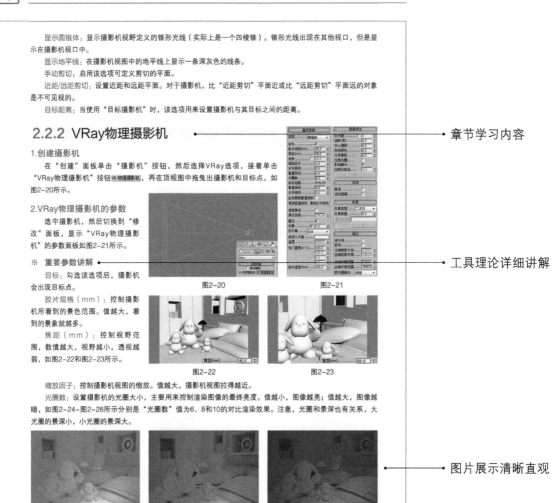

　　显示圆锥体：显示摄影机视野定义的锥形光线（实际上是一个四棱锥）。锥形光线出现在其他视口，但是显示在摄影机视口中。
　　显示地平线：在摄影机视图中的地平线上显示一条深灰色的线条。
　　手动剪切：启用该选项可定义剪切的平面。
　　近距/远距剪切：设置近距和远距平面。对于摄影机，比"近距剪切"平面近或比"远距剪切"平面远的对象是不可见视的。
　　目标距离：当使用"目标摄影机"时，该选项用来设置摄影机与其目标之间的距离。

2.2.2 VRay物理摄影机 ●────────────────── ● 章节学习内容

1.创建摄影机
　　在"创建"面板单击"摄影机"按钮，然后选择VRay选项，接着单击"VRay物理摄影机"按钮，再在顶视图中拖曳出摄影机和目标点，如图2-20所示。

2.VRay物理摄影机的参数
　　选中摄影机，然后切换到"修改"面板，显示"VRay物理摄影机"的参数面板如图2-21所示。

※　重要参数讲解 ●────────────────── ● 工具理论详细讲解
　　目标：勾选该选项后，摄影机会出现目标点。
　　　　　　　　　　　图2-20　　　　　　　图2-21
　　胶片规格（mm）：控制摄影机所看到的景色范围。值越大，看到的景象就越多。
　　焦距（mm）：控制视野范围，数值越大，视野越小，透视越弱，如图2-22和图2-23所示。
　　　　　　　　　　　图2-22　　　　　　　图2-23

　　缩放因子：控制摄影机视图的缩放。值越大，摄影机视图拉得越近。
　　光圈数：设置摄影机的光圈大小，主要用来控制渲染图像的最终亮度。值越小，图像越亮；值越大，图像越暗，如图2-24~图2-26所示分别是"光圈数"值为6、8和10的对比渲染效果。注意，光圈和景深也有关系，大光圈的景深小，小光圈的景深大。

　　光圈数值为6 图2-24　　　　光圈数值为8 图2-25　　　　光圈数值为10 图2-26 ●──── ● 图片展示清晰直观

2 | 实力练习，扫码看精讲视频边学边做

扫码观看制作
过程

案例效果直观展示

图文讲解一目了然

边学边练快速
掌握

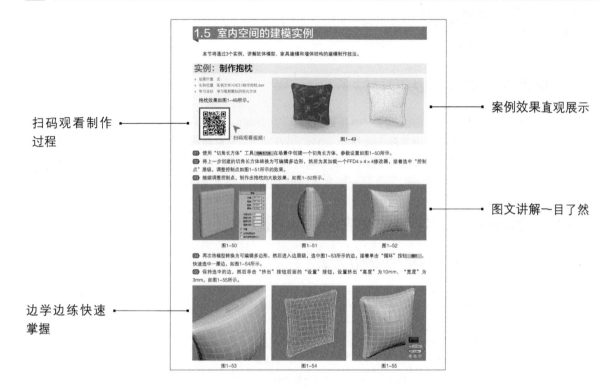

3 | 综合案例，感受真实商业项目的制作过程

扫码观看制作
过程

商业项目零距离
接触

详细操作讲解

运用所学知识

点 明 知 识 要
点，辅助制作
过程的理解

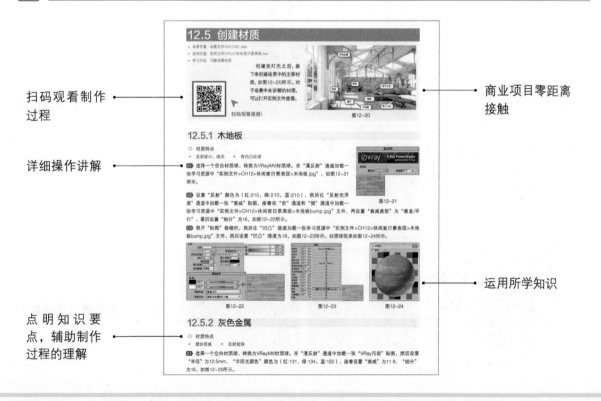

📖 编者信息

本书由王海文、熊晓波、徐璐担任主编，雷雅琴、徐梦、闫晓华担任副主编。

⊙ 平台支撑，免费赠送资源

☑ 全书案例场景文件、实例文件、PPT
☑ 全书高清视频教程
☑ 赠送材质球、单体模型库、高动态HDRI贴图、效果图场景文件
☑ "微课云课堂"近50000个微课视频一年免费学习权限。

"微课云课堂"目前包含近50000个微课视频，在资源展现上分为"微课云""云课堂"这两种形式。"微课云"是该平台中所有微课的集中展示区，用户可随需选择；"云课堂"是在现有微课云的基础上，为用户组建的推荐课程群，用户可以在"云课堂"中按推荐的课程进行系统化学习，或者将"微课云"中的内容进行自由组合，定制符合自己需求的课程。

"微课云课堂"主要特点

微课资源海量，持续不断更新："微课云课堂"充分利用了出版社在信息技术领域的优势，以人民邮电出版社60多年的发展积累为基础，将资源经过分类、整理、加工以及微课化之后提供给用户。

资源精心分类，方便自主学习："微课云课堂"相当于一个庞大的微课视频资源库、按门类进行一级和二级分类，以及难度等级分类，不同专业、不同层次的用户均可以在平台中搜索自己需要或者感兴趣的内容资源。

多终端自适应，碎片化移动化：绝大部分微课时长不超过十分钟，可以满足读者碎片化学习的需要；平台支持多终端自适应显示，除了在PC端使用外，用户可以在移动端随心所欲地进行学习。

"微课云课堂"使用方法

扫描封面上的二维码或者直接登录"微课云课堂"（www.ryjiaoyu.com）→用手机号码注册→在用户中心输入本书激活码（9f667911），将本书包含的微课资源添加到个人账户，获取永久在线观看本课程微课视频的权限。

此外，购买本书的读者还将获得一年期价值168元VIP会员资格，可免费学习50000微课视频。

目录

导读 🕘

室内装修与效果图

　　在室内装修前，客户通常会拿到设计师提供的效果图，以便于双方沟通，确定最终装修效果。作为设计师，会将相关的设计方案绘制在CAD图纸上，提供给专业的施工人员进行施工。对于客户而言，平面的CAD图纸很难产生直观的感受，这就需要室内效果图来呈现。

室内效果图

　　室内效果图是设计师对客户的设计意图和构思进行形象化再现的表达形式。设计师通过手绘或计算机软件在装修施工前就设计出房子装修后的风格效果，可以提前让客户知道装修后所呈现的效果。

　　现如今的效果图已不再是原来那种只要建立房屋结构，在内部把东西简单摆放就可以的时代，随着软件更新升级和从业人员水平的提高，室内设计效果图基本可以与装修实景图相媲美。下面展示一些优秀的室内效果图作品。

装修与效果图的区别

  效果图只能作为装修的参考，其效果与装修实景还是有所区别的，下图是效果图与实景图的对比（图片来自SMZDM.COM）。可以观察到效果图（左图）采用了广角镜头来呈现，比起实景图（右图）客厅看起来更大；效果图光线强烈，使屋内通透明亮，实景图则只采用自然光照。

  效果图与装修实景之间的差异主要有以下几点。

  ＊空间大小差异：为了增强狭小空间的室内效果，设计师会采用广角镜头，让房间看起来更开阔，使效果图包含更多内容，给人造成房屋变大的错觉。很多效果图为了构图，视点出现在人不能出现的位置，如墙角或站在屋外看屋内。

  ＊材质质感和色彩差异：效果图表现出的鲜艳色彩与现实装修结果有差异。如今的效果图可以做到模拟现实，但如果现实中某些材质的效果不尽人意，设计师会将这些材质的视觉效果提升。地砖的光洁度，反光反射程度，壁纸的质感，乳胶漆鲜艳的色彩等都可以通过色相、饱和度、色阶和对比度的调节做出超越现实的效果。

  ＊软装配饰的差异：效果图经常配以摆设和配饰，而现实中这些物品难以与效果图完全一致，这些物品会混淆对装修结果的认知，起到提升装修结果的作用。配饰物品并非设计师和绘图员绘制，而是采用现成的模型，假如装修时想完全照搬，装修公司也难以做到一模一样。

  ＊光线强弱和角度差异：效果图的光线可以做到完全模拟现实状态。如果现实状态不尽人意，设计师会更改光线的强弱、角度、方向，甚至加光补光，人为设置不存在的光源以达到超越现实的理想预期。比如阳光从一个不可能的角度照射屋内，或者在室内灯光的照射下屋子亮度不可能像效果图一样均衡。

  因此设计师应制作出接近于现实世界的效果图，能更好地与客户进行交流，也可以减少不必要的麻烦。

效果图的制作过程

在制作效果图之前，设计师需要先制作CAD设计图，再与客户沟通设计的配色、风格等问题。然后在3ds Max中根据CAD设计图建立室内空间的结构，并建立所需要的模型。对于场景内的一些摆设，可以从模型网站上下载资源导入场景，以提高制作效率。

场景建立后，创建摄影机确定画面视角和画幅比例。

接下来为场景添加所需要的灯光，照亮场景的同时烘托出整个环境的气氛。为模型添加各种材质，确定整个室内的风格和色彩搭配。对于在场景中是先打灯光还是先调材质，没有固定的标准，完全按照个人习惯，本书按照先打灯光后调材质的顺序进行讲解。

所有参数调整好后，就可以渲染出图。在Photoshop中进行后期制作后，一张效果图就制作完成了。

效果图的知识储备

要制作一张优秀的效果图，需要大量的相关知识储备。熟练地掌握软件的使用方法是基础，掌握大量的专业知识才能明显地提高制作水平。

» 熟悉常用建筑材料

在制作室内效果图时，不仅要追求画面的艺术性和美观性，还要注意一些建筑装饰行业的特殊要求。比如，在浴室等潮湿的地方会很少用到原木类的材料。还要考虑建筑材料的成本和客户预算，以免造成制作的效果图进行非必要的返工，增加工作量。熟悉常用的建筑材料，还可以在制作材质时，更加逼真地模拟材质本身的特性，使效果图更加真实。

» 作图之前先整体规划

在拿到户型CAD设计图之后，先要分析房间结构，确定摄影机建立的方向，以及需要着重表现的重点。比如，卧室空间会重点展现床和床头背景墙。确定哪些部分需要手动建模，哪些部分需要导入外部素材模型，然后找到这些素材模型备用。确定整体的颜色搭配以及需要使用的贴图，比如指定的墙纸、地砖、地板等贴图。

» 分清主次，减少工作量

手动建模一直是制作效果图最费时费力的部分。当确定好场景镜头之后，远离镜头的模型可以制作简模，不必考虑过多的细节，有颜色和形状即可。即使渲染的效果图尺寸再大，场景深处的物体细节也无法展现。这是一个有效的"偷懒"技巧。

» 建立自己的模型材质库

建立自己的模型材质库，可以快速地找到制作时所需要的素材。模型材质库可以在平时制作时慢慢积累，也可以在网上进行下载。按照用途或是类别将这些素材进行分类命名，这样在调用素材时，就可轻易找到所下载的资源，不仅节省了时间，也提高了工作效率。

第1章

3ds Max的常用建模方法

* 样条线建模   * 修改器建模   * 多边形建模   * VRay毛皮

1.1 样条线建模

二维图形是由一条或多条样条线组成的，而样条线又由顶点和线段组成，所以只要调整顶点的参数及样条线的参数就可以生成复杂的二维图形，利用这些二维图形又可以生成三维模型。样条线常用于新建房屋墙体，如图1-1和图1-2所示为两幅优秀的样条线模型。

图1-1

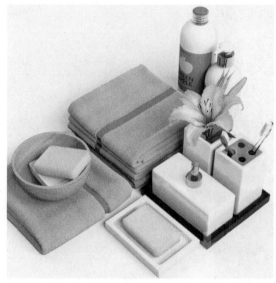

图1-2

1.1.1 线

线是建模中最常用的一种样条线，其使用方法非常灵活，形状也不受约束，可以封闭也可以不封闭，拐角处可以尖锐也可以圆滑，属性面板如图1-3所示。

※ **重要参数讲解**

在渲染中启用：勾选该选项才能渲染出样条线；若不勾选，将不能渲染出样条线。

在视口中启用：勾选该选项后，样条线会以网格的形式显示在视图中。

视口/渲染：当勾选"在视口中启用"选项时，样条线将显示在视图中；当同时勾选"在视口中启用"和"渲染"选项时，样条线在视图中和渲染中都可以显示出来。

步数：手动设置每条样条线的步数。

图1-3

1.1.2 可编辑样条线

将样条线转换为可编辑样条线的方法有以下两种。

第1种：选择样条线，然后单击鼠标右键，接着在弹出的菜单中选择"转换为>转换为可编辑样条线"命令，如图1-4所示。

第2种：选择样条线，然后在"修改器列表"中为其加载一个"编辑样条线"修改器，如图1-5所示。

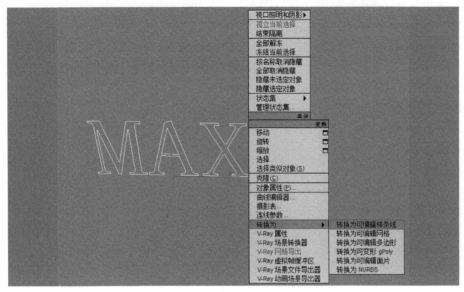

图1-4

图1-5

样条线的参数面板如图1-6所示。

※ **重要参数讲解**

附加 附加 ：将其他样条线附加到所选样条线。

焊接 焊接 ：这是最重要的工具之一，可以将两个端点顶点
或同一样条线中的两个相邻顶点转化为一个顶点。

插入 插入 ：插入一个或多个顶点，以创建其他线段。

圆角 圆角 ：在线段会合的地方设置圆角，以添加新的控制点。

轮廓 轮廓 ：这是最重要的工具之一，在"样条线"级别下
使用，用于创建样条线的副本。

图1-6

1.2 修改器建模

修改器对于创建一些特殊形状的模型非常有优势，因此在建模工作中，对于部分造型的建模，可以用修改器
来进行。下面介绍常用的几种修改器。

1.2.1 FFD修改器

FFD是"自由变形"的意思，FFD修改器即"自由变形"修改
器。FFD修改器包含5种类型，分别为FFD 2×2×2修改器、FFD
3×3×3修改器、FFD 4×4×4修改器、FFD（长方体）修改器和
FFD（圆柱体）修改器，如图1-7所示。这种修改器是使用晶格框
包围住选中的几何体，然后通过调整晶格的控制点来改变封闭几何
体的形状。

通过FFD修改器，我们可以整体控制模型的
造型，如图1-8所示。

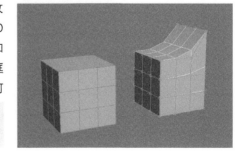

FFD 2x2x2
FFD 3x3x3
FFD 4x4x4
FFD(长方体)
FFD(圆柱体)

图1-7

图1-8

1.2.2 壳修改器

"壳"修改器是给片状几何体添加厚度，效果如图1-9所示。

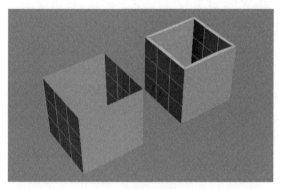

图1-9

1.2.4 弯曲修改器

"弯曲"修改器可以使物体在任意3个轴上控制弯曲的角度和方向，（且方向是修改器的Gizmo坐标）也可以对几何体的一段限制弯曲效果，如图1-11所示。

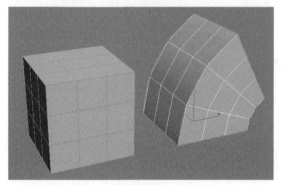

图1-11

1.2.6 平滑类修改器

"平滑"修改器、"网格平滑"修改器和"涡轮平滑"修改器都可以用来平滑几何体，但是在效果和可调性上有所差别。简单地说，对于相同的物体，"平滑"修改器的参数比其他两种修改器要简单一些，但是平滑的强度不强；"网格平滑"修改器与"涡轮平滑"修改器的使用方法相似，但是后者能够更快并更有效率地利用内存，不过"涡轮平滑"修改器在运算时容易发生错误。因此，在实际工作中"网格平滑"修改器是其中最常用的一种，网格平滑效果如图1-13所示。

1.2.3 扫描修改器

"扫描"修改器是在目标路径上生成以目标截面构成的几何体，其用法类似于"放样"工具的用法，如图1-10所示。

图1-10

1.2.5 车削修改器

"车削"修改器可以通过围绕坐标轴旋转一个图形或NURBS曲线来生成3D对象，常用于制作酒杯、碗盘等圆柱形物体，如图1-12所示。

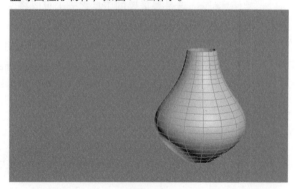

图1-12

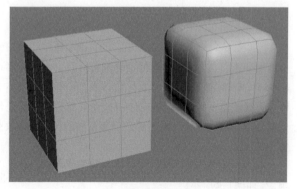

图1-13

1.3 编辑多边形

多边形建模作为当今的主流建模方式，已经被广泛应用到游戏、影视、工业造型、室内外等模型制作中。多边形建模方法在编辑上更加灵活，对硬件的要求也很低，其建模思路与网格建模的思路很接近，其不同点在于网格建模只能编辑三角面，而多边形建模对面数没有任何要求。

1.3.1 顶点层级

顶点██层级中的工具用于编辑对象中的顶点对象，参数面板如图1-14所示。

※ **重要参数讲解**

移除██移除██：选中一个或多个顶点以后，单击该按钮可以将其移除，以便重新布线，如图1-15所示。

图1-14

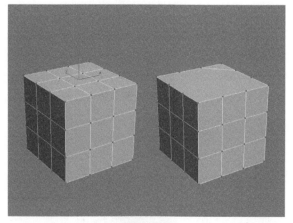

图1-15

挤出██挤出██：直接使用这个工具可以手动在视图中挤出顶点；如果要精确设置挤出顶点的高度和宽度，可以单击后面的"设置"按钮██，然后在视图中的"挤出顶点"对话框中输入数值即可，如图1-16所示。

切角██切角██：选中顶点以后，使用该工具在视图中拖曳光标，可以手动为顶点切角。单击后面的"设置"按钮██，在弹出的"切角"对话框中可以设置精确的"顶点切角量"数值，同时还可以将切角后的面"打开"，以生成孔洞效果，如图1-17所示。

连接██连接██：使用这个工具，可在选中的对角顶点之间创建新的边，如图1-18所示。

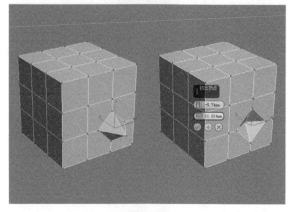

图1-16

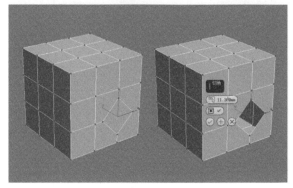

图1-17

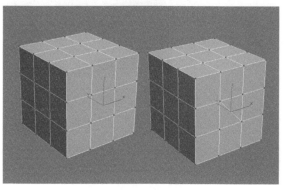

图1-18

Tips 移除顶点：选中一个或多个顶点以后，单击"移除"按钮 移除 或按Backspace键即可移除顶点，但也只能是移除了顶点，而面仍然存在。注意，移除顶点可能导致网格形状发生严重变形。

删除顶点：选中一个或多个顶点以后，按Delete键可以删除顶点，同时也会删除连接到这些顶点的面。

1.3.2 边层级

边 ✔ 层级中的工具用于编辑对象中的边对象，参数面板如图1-19所示。

※ **重要参数讲解**

插入顶点 插入顶点 ：在"边"层级下，使用该工具在边上单击鼠标左键，可以在边上添加顶点，如图1-20所示。

移除 移除 ：选择边以后，单击该按钮或按Backspace键可以移除边，如图1-21所示。如果按Delete键，将删除边以及与边连接的面。

图1-19

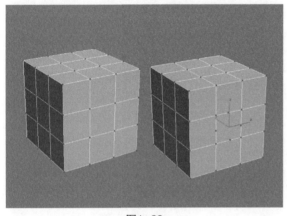

图1-20

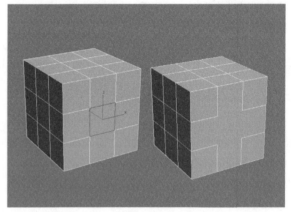

图1-21

挤出 挤出 ：直接使用这个工具可以手动在视图中挤出边。如果要精确设置挤出边的高度和宽度，可以单击后面的"设置"按钮□，然后在视图中的"挤出边"对话框中输入数值即可，如图1-22所示。

切角 切角 ：这是多边形建模中使用频率最高的工具之一，可以为选定边进行切角（圆角）处理，从而生成平滑的棱角，如图1-23所示。

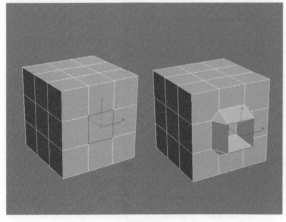

图1-22

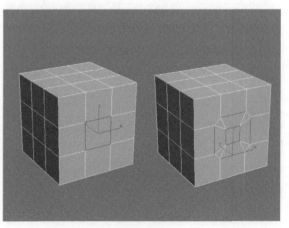

图1-23

连接 连接 ：这是多边形建模中使用频率最高的工具之一，可以在每对选定边之间创建新边，对于创建或细化边循环特别有用。比如选择一对竖向的边，则可以在横向上生成边，如图1-24所示。

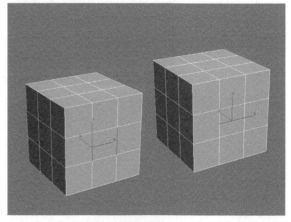

图1-24

利用所选内容创建图形 利用所选内容创建图形 ：这是多边形建模中使用频率最高的工具之一，可以将选定的边创建为样条线图形。选择边以后，单击该按钮可以弹出一个"创建图形"对话框，在该对话框中可以设置图形的名称和类型，如果选择"平滑"类型，则生成平滑的样条线，如图1-25所示；如果选择"线性"类型，则样条线的形状与选定边的形状保持一致，如图1-26所示。

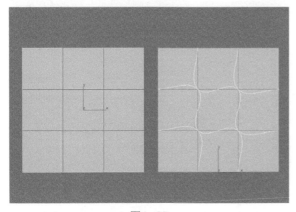

图1-25

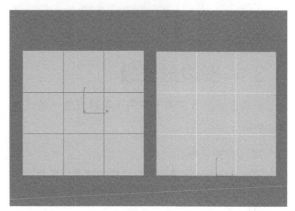

图1-26

1.3.3 边界层级

边界 层级是访问"边界"子对象级别，可从中选择构成网格中孔洞边框的一系列边。边界总是由仅在一侧带有面的边组成，并总是完整循环，参数面板如图1-27所示。

※ **重要参数讲解**

挤出 挤出 ：将边界挤出，如图1-28所示。

切角 切角 ：将边界切角和分段，如图1-29所示。

图1-27

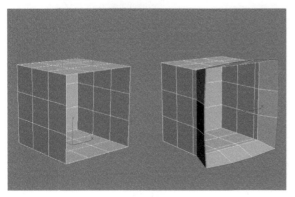

图1-28

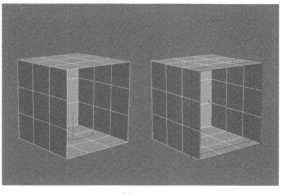

图1-29

封口 <u>封口</u>：将边界以面封口，如图1-30所示。

Tips 在多数情况下，封口的面需要重新布线。

桥 <u>桥</u>：将两条边界以新的面连接起来，如图1-31所示。

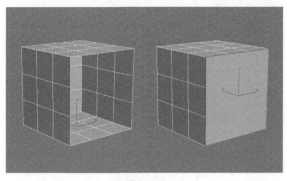

图1-30

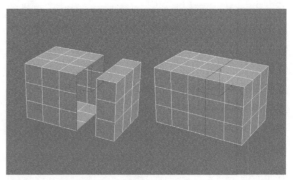

图1-31

1.3.4 多边形层级

多边形■层级中的工具用于编辑对象中的边对象，如图1-32所示。

※ **重要参数讲解**

挤出 <u>挤出</u>：这是多边形建模中使用频率最高的工具之一，可以挤出多边形。如果要精确设置挤出多边形的高度，可以单击后面的"设置"按钮■，然后在视图中的"挤出边"对话框中输入数值即可。挤出多边形时，"高度"为正值时可向外挤出多边形，为负值时可向内挤出多边形，如图1-33所示。

图1-32

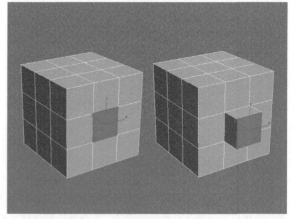

图1-33

轮廓 <u>轮廓</u>：用于扩大或缩小每组连续选定的多边形的外边，如图1-34所示。

倒角 <u>倒角</u>：这是多边形建模中使用频率最高的工具之一，可以挤出多边形，同时为多边形进行倒角，如图1-35所示。

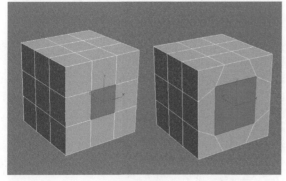

图1-34

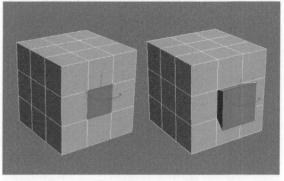

图1-35

插入 插入 ：执行没有高度的倒角操作，即在选定多边形的平面内执行该操作，如图1-36所示。

翻转 翻转 ：反转选定多边形的法线方向，从而使其面向用户的正面，如图1-37所示。

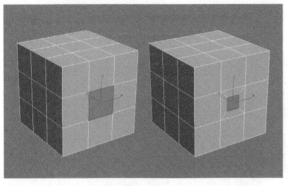

图1-36

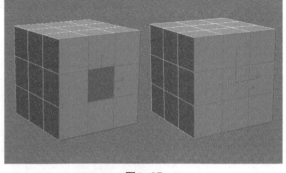

图1-37

桥 桥 ：使用该工具可以连接对象上的两个多边形或多边形组，如图1-38所示。

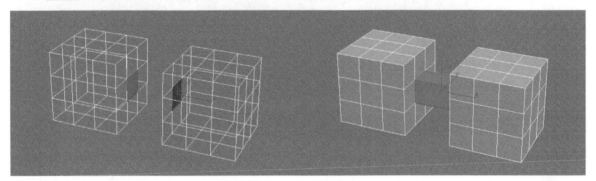

图1-38

 Tips 法线方向会影响贴图显示、毛发生长方向等基本功能，选定正确的法线方向是非常重要的。

1.3.5 元素层级

元素 层级可以选择对象中所有连续的多边形，参数面板如图1-39所示。

※ **重要参数讲解**

切片平面 切片平面 ：使用该工具可以沿某一平面分开网格对象，如图1-40所示。

切割 切割 ：可以在一个或多个多边形上创建出新的边，如图1-41所示。

图1-39

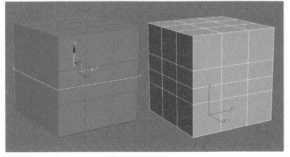

图1-40

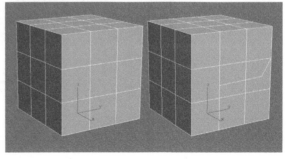

图1-41

1.4 VRay毛皮

使用"VRay毛皮"工具 VR毛皮 可以创建出物体表面的毛发效果，多用于模拟地毯、毛巾、草坪以及动物的皮毛等，如图1-42和图1-43所示。

图1-42

图1-43

对于无法使用凹凸贴图和置换贴图模拟的材质效果，如长毛地毯、草地、毛巾等模型，可以使用VRay毛皮来制作，在使用VRay毛皮之前，必须加载VRay渲染器。

实例：用VRay毛皮制作地毯

- » 场景位置　场景文件>CH01>01.max
- » 实例位置　实例文件>CH01>用VRay毛皮制作地毯.max
- » 学习目标　学习VRay毛皮的使用方法

地毯效果如图1-44所示。

扫码观看视频！

图1-44

01 打开本书学习资源"场景文件>CH01>01.max"文件，如图1-45所示。

02 选中地毯模型，然后设置几何体类型为VRay，接着单击"VRay毛皮"工具按钮 VR-毛皮 ，如图1-46所示。

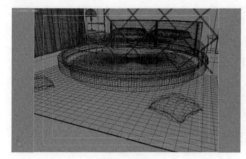
图1-45

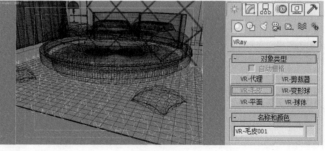
图1-46

03 切换到"修改"面板，然后按照图1-47所示的参数进行调整。

04 按F9键渲染当前视图，效果如图1-48所示。

图1-47

图1-48

1.5 室内空间的建模实例

本节将通过3个实例，讲解软体模型、家具建模和墙体结构的建模制作技法。

实例：制作抱枕

» 场景位置　无
» 实例位置　实例文件>CH01>制作抱枕.max
» 学习目标　学习笔刷雕刻的使用方法

抱枕效果如图1-49所示。

扫码观看视频！

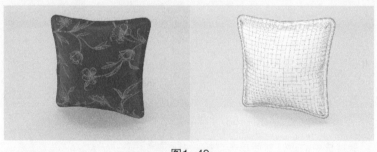

图1-49

01 使用"切角长方体"工具 切角长方体 在场景中创建一个切角长方体，参数设置如图1-50所示。

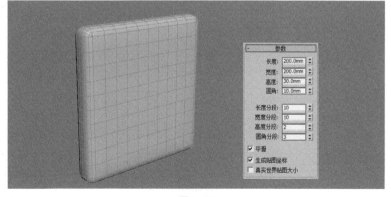

图1-50

02 将上一步创建的切角长方体转换为可编辑多边形，然后为其加载一个FFD4×4×4修改器，接着选中"控制点"层级，调整控制点如图1-51所示的效果。

03 继续调整控制点，制作出抱枕的大致效果，如图1-52所示。

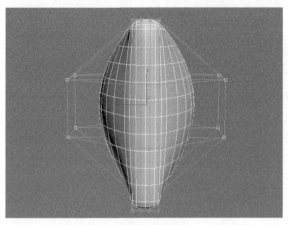

图1-51

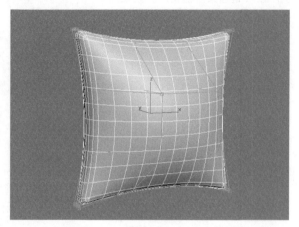

图1-52

04 再次将模型转换为可编辑多边形，然后进入边层级，选中图1-53所示的边，接着单击"循环"按钮 循环 ，快速选中一圈边，如图1-54所示。

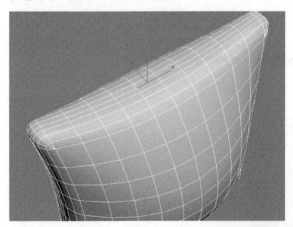

图1-53

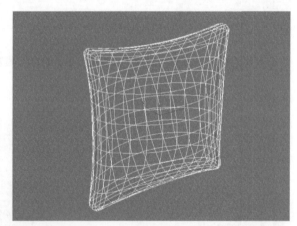

图1-54

05 保持选中的边，然后单击"挤出"按钮后面的"设置"按钮，设置挤出"高度"为10mm、"宽度"为3mm，如图1-55所示。

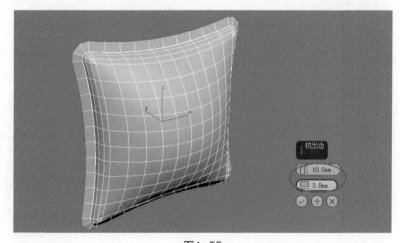

图1-55

06 选中抱枕，然后进入"多边形"层级，接着展开"绘制变形"卷展栏，接着如图1-56所示调整笔刷的参数，在抱枕上绘制褶皱纹理，效果如图1-57所示。

07 选中抱枕模型，然后为其加载一个"网格平滑"修改器，效果如图1-58所示。

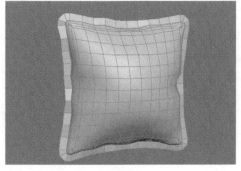

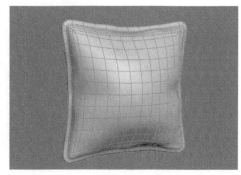

图1-56 图1-57 图1-58

08 将抱枕模型转换为可编辑多边形，然后进入"边"层级，接着选中图1-59所示的边并单击"循环"按钮，再单击"利用所选内容创建图形"按钮 利用所选内容创建图形 ，最后在弹出的对话框中选择"线性"选项，如图1-60所示。

09 选中新创建的样条线，然后展开"渲染"卷展栏，勾选"在渲染中启用"和"在视口中启用"选项，接着设置"厚度"为1.5mm、"边"为12，设置参数如图1-61所示。最终效果如图1-62所示。

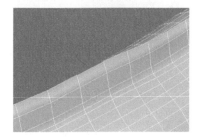

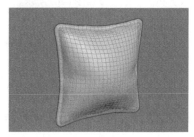

图1-59 图1-60 图1-61 图1-62

实例：制作桌椅组合

» 场景位置 无
» 实例位置 实例文件>CH01>制作桌椅组合.max
» 学习目标 学习多边形建模的使用方法

桌椅组合的效果如图1-63所示。

扫码观看视频！

图1-63

01 使用"长方体"工具 长方体 在场景中新建一个长方体，参数设置如图1-64所示。

图1-64

02 将上一步新建的长方体转换为可编辑多边形,然后进入"边"层级,选中图1-65所示的边。

03 在"编辑边"卷展栏中单击"切角"按钮 切角 后面的"设置"按钮 ,然后设置"边切角量"为2mm,如图1-66所示。

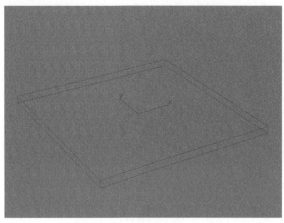

图1-65

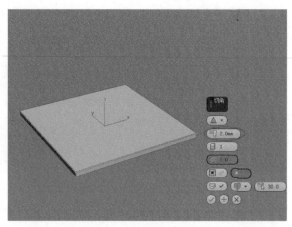

图1-66

04 使用"长方体"工具 长方体 在场景中新建一个长方体,参数设置如图1-67所示。

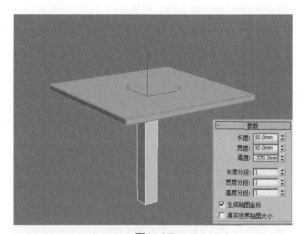

05 将上一步新建的长方体转换为可编辑多边形,然后进入"边"层级,选中图1-68所示的边。接着在"编辑边"卷展栏中单击"切角"按钮 切角 后面的"设置"按钮 ,然后设置"边切角量"为2mm,如图1-69所示。

图1-67

图1-68

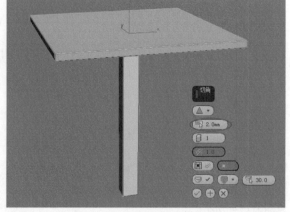

图1-69

06 使用"对齐"工具 ,将两个长方体在"x位置"和"y位置"以"中心"对齐,参数设置如图1-70所示,效果如图1-71所示。

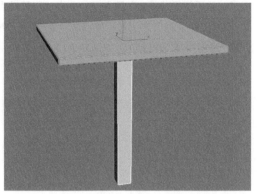

图1-70　　　　　　　　　　　　　　　图1-71

07 使用"长方体"工具 ▭长方体▭ 在场景中新建一个长方体，参数设置如图1-72所示。

08 使用"对齐"工具▭，将新建的长方体在"x位置"和"y位置"以"中心"对齐上方的长方体，参数设置如图1-73所示，效果如图1-74所示。

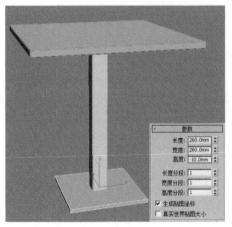

图1-72　　　　　　　　图1-73　　　　　　　　图1-74

09 将上一步创建的长方体转换为可编辑多边形，然后进入"多边形"层级，选中图1-75所示的多边形，接着在"编辑多边形"卷展栏中单击"插入"按钮 ▭插入▭ 后面的"设置"按钮▭，并设置"插入数量"为105mm，如图1-76所示。

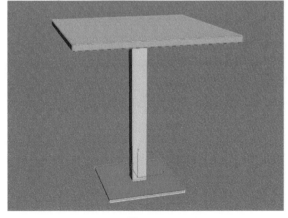

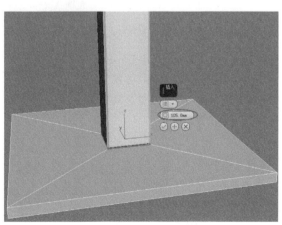

图1-75　　　　　　　　　　　　　　　图1-76

⑩ 保持选中的多边形，然后使用"移动"工具 ✛，将多边形移动到图1-77所示的位置。

⑪ 进入"边"层级，选中图1-78所示的边，然后在"编辑边"卷展栏中单击"切角"按钮 切角 后面的"设置"按钮 ▣，然后设置"边切角量"为2mm，如图1-79所示。

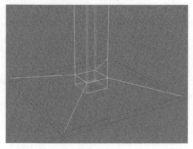

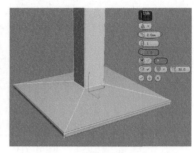

图1-77　　　　　　　　　图1-78　　　　　　　　　图1-79

⑫ 下面制作椅子。使用"长方体"工具 长方体 在场景中新建一个长方体，参数设置如图1-80所示。

⑬ 将上一步创建的长方体转换为可编辑多边形，然后进入"边"层级，选中图1-81所示的两条边，接着单击"编辑边"卷展栏中的"连接"按钮 连接 ，添加一条边，并移动到图1-82所示的位置。

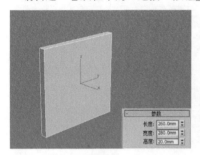

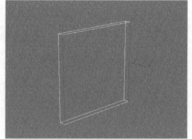

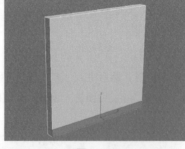

图1-80　　　　　　　　　图1-81　　　　　　　　　图1-82

⑭ 切换到"多边形"层级，选中图1-83所示的多边形，然后在"编辑多边形"卷展栏中单击"挤出"按钮 挤出 后面的"设置"按钮 ▣，并设置"高度"为320mm，如图1-84所示。

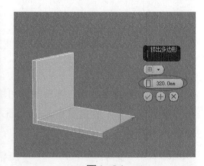

图1-83　　　　　　　　　图1-84

⑮ 返回"边"层级，选中图1-85所示的两条边，然后单击"连接"按钮 连接 ，添加一条边并移动到图1-86所示位置。

Tips 除了单击"连接"按钮，还可以单击鼠标右键选择"连接"选项。

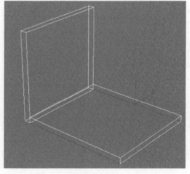

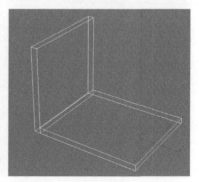

图1-85　　　　　　　　　图1-86

16 切换到"多边形"层级，选中图1-87所示的多边形，然后单击"挤出"按钮 挤出 后面的"设置"按钮 ，并设置"高度"为260mm，如图1-88所示。

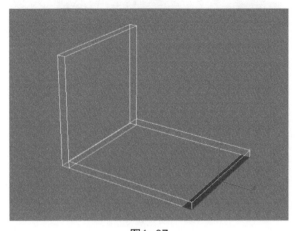

图1-87

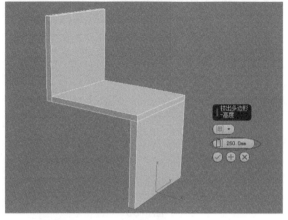

图1-88

17 返回"边"层级，选中图1-89所示的两条边，然后单击"连接"按钮 连接 ，添加一条边并移动到图1-90所示位置。

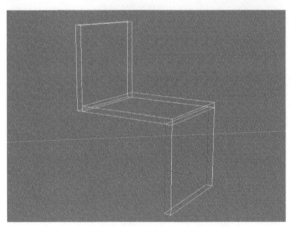

图1-89

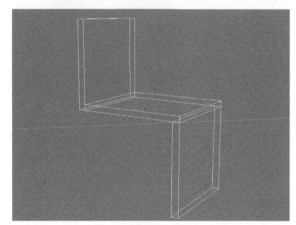

图1-90

18 切换到"多边形"层级，选中图1-91所示的多边形，然后单击"挤出"按钮 挤出 后面的"设置"按钮 ，并设置"高度"为320mm，如图1-92所示。

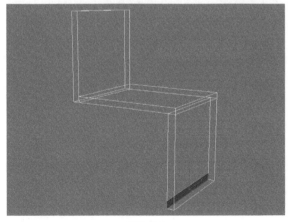

图1-91

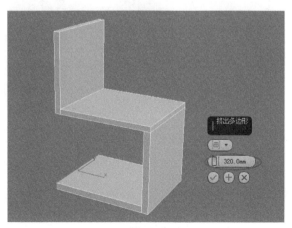

图1-92

⑲ 进入"边"层级，选中图1-93所示的两条边，然后单击"连接"按钮 连接 ，添加一条边并移动到图1-94所示位置。

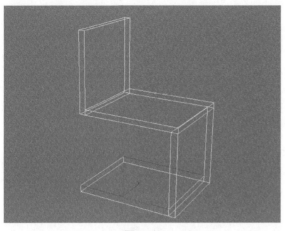

图1-93

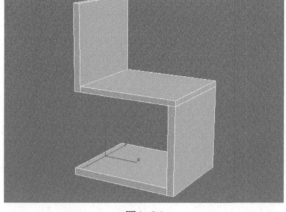

图1-94

⑳ 切换到"多边形"层级，选中图1-95所示的多边形，然后单击"挤出"按钮 挤出 后面的"设置"按钮▣，并设置"高度"为130mm，如图1-96所示。

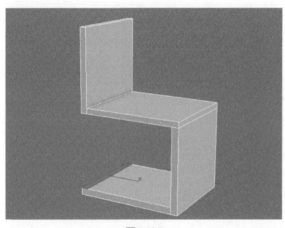

图1-95

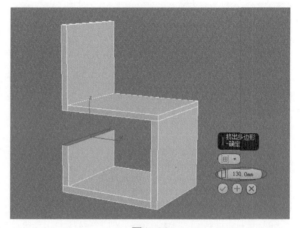

图1-96

㉑ 进入"边"层级，选中图1-97所示的两条边，然后单击"连接"按钮 连接 ，添加一条边并移动到图1-98所示位置。

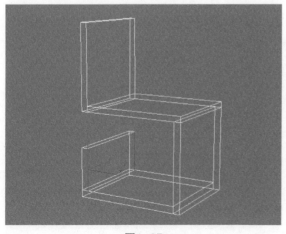

图1-97

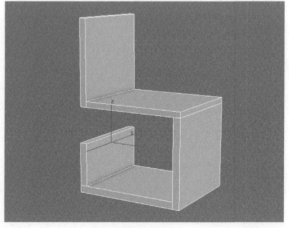

图1-98

22 切换到"多边形"层级，选中图1-99所示的多边形，然后单击"挤出"按钮 挤出 后面的"设置"按钮▣，并设置"高度"为150mm，如图1-100所示。

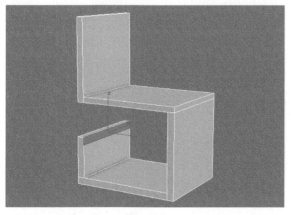

图1-99

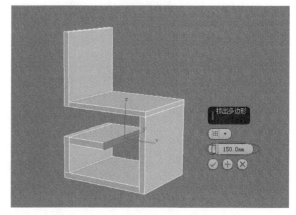

图1-100

23 进入"边"层级，然后选中图1-101所示的边，接着在"编辑边"卷展栏中单击"切角"按钮后面的"设置"按钮，并设置"边切角量"为2mm，如图1-102所示。

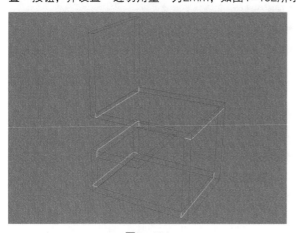

图1-101

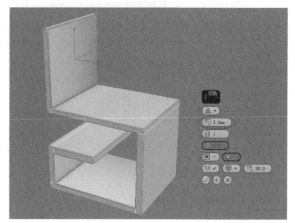

图1-102

24 下面制作座垫。使用"长方体"工具 长方体 在场景中新建一个长方体，参数设置如图1-103所示。

25 选中上一步创建的长方体，然后为其加载一个"网格平滑"修改器，并设置"迭代次数"为2，效果如图1-104所示。

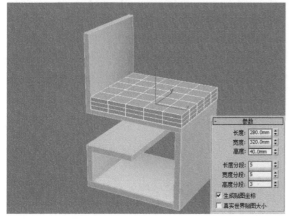

图1-103

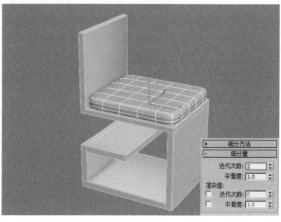

图1-104

㉖ 复制一个座垫模型作为靠垫，并用FFD2×2×2修改器缩放大小，效果如图1-105所示。

㉗ 将制作好的椅子、座垫和靠垫模型成组，然后复制出3个，桌椅组合最终效果如图1-106所示。

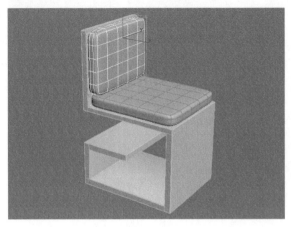

图1-105

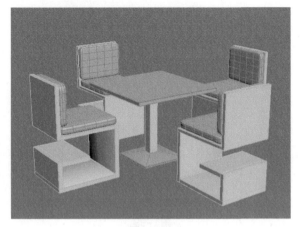

图1-106

 家具是整个场景的组成部分，也是体现风格的重要元素，在建模时需要注意以下几点。

1.符合现实尺寸。家具建模的使用单位为mm，且尺寸是有国家标准的，可通过互联网查找。

2.建模时，缩放家具尺寸最好使用FFD修改器，这样不会影响对象属性。

3.模型的面数控制在合理范围，尤其是使用平滑类修改器，不可设置太高的迭代次数。

实例：房屋空间建模

» 场景位置　场景文件>CH01>01.dwg
» 实例位置　实例文件>CH01>房屋空间建模.max
» 学习目标　学习房屋空间的建模方法

扫码观看视频！

日常制作房屋空间，需要导入CAD文件，按照CAD文件的尺寸制作。房屋空间效果如图1-107所示。

图1-107

㉑ 在3ds Max中进入顶视图，导入本书学习资源中的"场景文件>CH01 >01.dwg"文件，如图1-108所示，然后在弹出的对话框中勾选"焊接附近顶点"选项，接着单击"确定"按钮 确定 ，如图1-109所示，导入后的效果如图1-110所示。

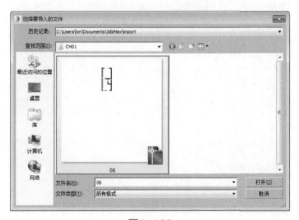

Tips 导入CAD文件后，需要删除多余的样条线，并将断开的点手动焊接，再将其成组，并移动到坐标原点，以方便后面的操作。

图1-108

图1-109

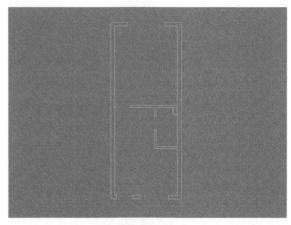

图1-110

02 选中CAD样条线，然后单击鼠标右键选择"冻结当前对象"选项，以便在后期制作时不影响操作，接着在主工具栏单击"捕捉开关"按钮并调整至2.5D，再单击鼠标右键，在弹出的窗口中选择"选项"选项卡，勾选"捕捉到冻结对象"选项，如图1-111所示。

03 首先制作墙体。使用"线"工具　线　，沿着墙体位置描绘墙体轮廓，如图1-112所示。

Tips 按住 I 键可以移动视图，方便描绘样条线。

图1-111

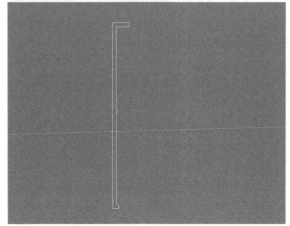

图1-112

04 继续使用"线"工具　线　，沿着CAD描绘各个墙体的轮廓，如图1-113所示。

05 全选样条线，然后为其加载一个"挤出"修改器，接着设置"数量"为2800mm，如图1-114所示。

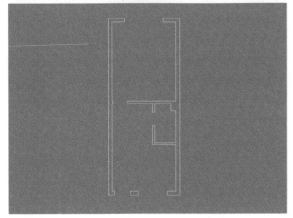

图1-113

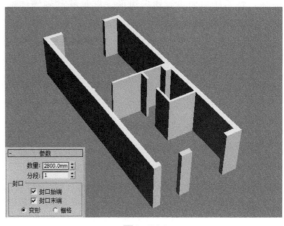

图1-114

06 下面制作地板。在顶视图中，使用"线"工具 线 绘制地板轮廓，如图1–115所示。然后选中样条线，单击鼠标右键，将其转换为可编辑多边形，效果如图1–116所示。

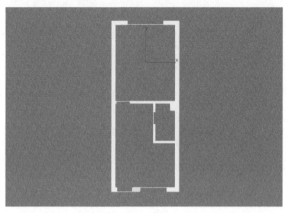

图1–115

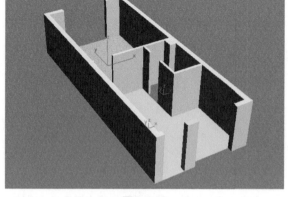

图1–116

07 下面制作门框和窗框。使用"线"工具 线 沿着门洞和窗户的区域绘制矩形，然后为其加载一个"挤出"修改器，并设置"数量"为300mm，如图1–117所示。

08 下面制作窗台。使用"线"工具 线 沿着卧室和客厅的窗户位置绘制矩形，然后为其加载一个"挤出"修改器，并设置"数量"为800mm，如图1–118所示。

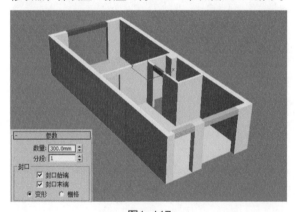

图1–117

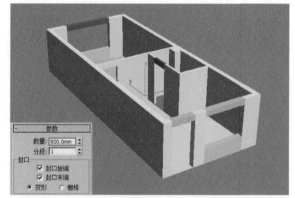

图1–118

09 使用"线"工具 线 沿着墙体外边沿绘制样条线，然后转换为可编辑多边形，接着移动到墙体顶部，房屋空间最终效果如图1–119所示。

 制作房屋空间时需要注意以下几点。

1.参考CAD描绘出的结构框架要符合现实尺寸，常用单位为mm。

2.墙体尽量做到双面建模，以方便渲染鸟瞰或开放式空间渲染时得到正确的效果。

3.底板和屋顶不能与墙体有缝隙，否则会造成漏光现象。

4.当模型出现共面时，要删除其中一个模型重合的面，渲染时才会得到正确的效果。

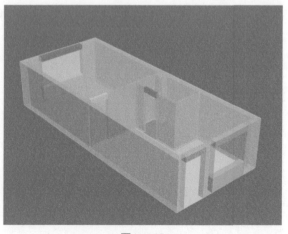

图1–119

1.6 搭建室内场景

本节将讲解室内场景的搭建方法和搭建的原理。

1.6.1 室内场景的组成

室内场景由两部分组成。一部分是室内的墙体框架，包括墙体、窗户、门、地板、吊顶等基础装修部分；另一部分是室内的家具家电等软装家具。下面详细介绍这两部分。

1.室内房屋框架

在搭建室内房屋框架时，一般会事先提供房屋的CAD设计图。设计图里会提供房屋的平面结构、门和窗户的打开方向以及室内家具的布置位置，如图1-120所示。

更详细的CAD还会提供天花平面图、地板平面图以及各个方向的立面图，如图1-121所示。这些图会更加详细地展示房间的结构，方便在3ds Max中进行建模。

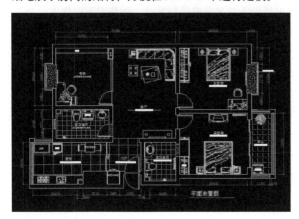

图1-120　　　　　　　　　　　　　　　　　　　　图1-121

2.家具家电

房屋框架建立好后，就需要在场景内添加家具家电等软装模型。这些模型如果没有特殊要求，一般都是从外部模型库中导入合适的素材模型。

由于效果图只是起到参考的作用，室内的模型基本不会手动建模，都是导入外部模型。这样做可以提高制作效率。在平时要善于积累一些素材模型，形成自己的素材库。

1.6.2 室内场景组成原理

本节为大家讲解常见室内空间的布置原理和禁忌。

1.客厅空间的组成特点

客厅空间是最常见的室内空间，主要由沙发、电视柜、茶几等家具组成，在布置家具时有一些问题需要注意。

第1点：沙发最好是靠着墙体，如果遇到无法靠着墙体的情况，需要在沙发背后放置矮柜，如图1-122和1-123所示。沙发靠背不要悬空，一定要在后面放置物体。

图1-122

图1-123

第2点：入户门与客厅之间最好设计玄关。小户型可以用隔断遮挡，如图1-124所示。这样能起到更好的保护隐私的效果。

第3点：客厅若有横梁，应用吊顶将横梁藏起来。人坐在横梁下容易造成精神紧张。但横梁可以用来分割不同的空间，如客厅和餐厅，如图1-125所示。

图1-124

图1-125

2.卧室空间的组成特点

卧室空间是最常见的室内空间，主要由床、衣柜、床头柜等家具组成，在布置家具时有一些问题需要注意。

第1点：卧室内如果有梳妆台或穿衣镜等大面积镜子类的物体，不要正对着床。镜子反射的光线会影响夜晚睡眠，如图1-126所示。

第2点：床头不要朝房门方向。房门是进出房间的必经之地，床头朝向房门会影响睡眠。

第3点：床头不要离窗户太近。窗外的声音会影响睡眠。

图1-126

3.洗手间空间的组成特点

洗手间空间是最常见的室内空间，主要由洗手池、马桶、淋浴器等家具组成，在布置家具时有一些问题需要注意。

第1点：马桶不要正对房门。

第2点：卫生间浅色比较好。由于卫生间的空间狭小，浅色可以使人在视觉上显得空间更大，如图1-127所示。

图1-127

4.厨房空间的组成特点

厨房空间是最常见的室内空间，主要由橱柜、灶台、冰箱等家具组成，在布置家具时有一些问题需要注意。

第1点：灶台和水槽之间要留一定的距离，方便切菜配菜等操作，如图1-128所示。

第2点：冰箱不要和灶台距离太近，这样会有安全隐患。

图1-128

实例：搭建客厅空间

» 场景位置　场景文件>CH01>03.dwg
» 实例位置　实例文件>CH01>搭建客厅空间.max
» 学习目标　学习客厅空间的搭建方法

扫码观看视频！

客厅空间效果如图1-129所示。

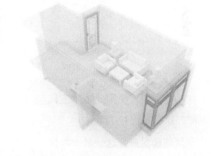

图1-129

01 在3ds Max中进入顶视图，导入本书学习资源中的"场景文件>CH01 >03.dwg"文件，如图1-130所示，然后在弹出的对话框中勾选"焊接附近顶点"选项，接着单击"确定"按钮 确定 ，如图1-131所示，导入后的效果如图1-132所示。

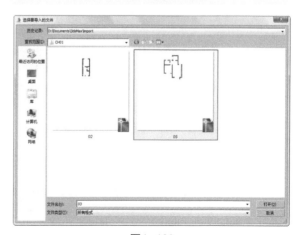

图1-130

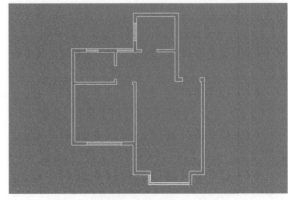

<table>
<tr><td>图1-131</td><td>图1-132</td></tr>
</table>

02 使用"线"工具 ▢ 线 绘制出客厅空间的墙体，如图1-133所示。

03 全选样条线，然后为其加载一个"挤出"修改器，接着设置"数量"为2800mm，如图1-134所示。

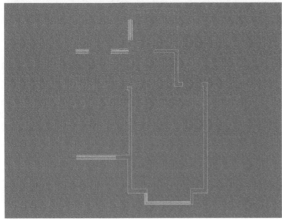

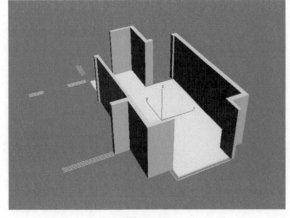

<table>
<tr><td>图1-133</td><td>图1-134</td></tr>
</table>

04 在顶视图中，使用"线"工具 ▢ 线 绘制地板轮廓，然后选中样条线，单击鼠标右键，将其转换为可编辑多边形，效果如图1-135所示。

05 下面创建窗户，这一是一飘窗台。使用"矩形"工具 ▢ 矩形 绘制出飘窗台，如图1-136所示。然后为其加载一个"挤出"修改器，接着设置"数量"为450mm，如图1-137所示。

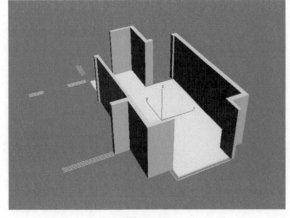

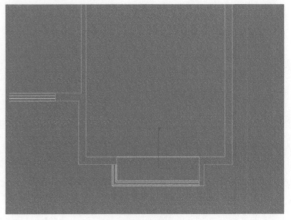

<table>
<tr><td>图1-135</td><td>图1-136</td></tr>
</table>

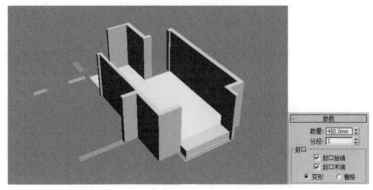

图1-137

06 使用"线"工具 _____线_____ 沿着门洞和窗户的区域绘制矩形，然后为其加载一个"挤出"修改器，并设置"数量"为300mm，如图1-138所示。

07 下面导入场景中的门窗模型。使用"合并"命令导入学习资源中的"实例文件>CH01>搭建客厅空间>门.max"文件，然后拼合到门洞位置，如图1-139所示。

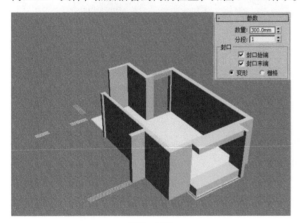

图1-138

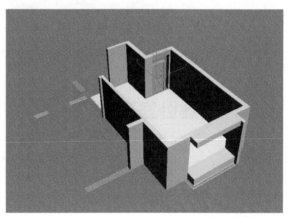

图1-139

08 观察发现门的大小与门洞不符合，然后为门的模型加载一个FFD2×2×2修改器，接着调整控制点使门的模型与门洞一致，如图1-140所示。

09 使用"合并"命令导入学习资源中的"实例文件>CH01>搭建客厅空间>窗.max"文件，然后拼合到飘窗台位置并调整大小，如图1-141所示。

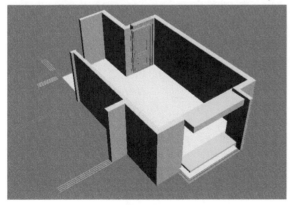

图1-140

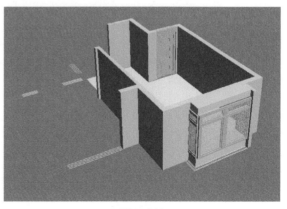

图1-141

10 使用"合并"命令导入学习资源中的"实例文件>CH01>搭建客厅空间>家具.max"文件，然后拼合到客厅位置并调整模型造型，如图1-142所示。

11 使用"线"工具 沿着墙体外边沿绘制样条线，然后转换为可编辑多边形，接着移动到墙体顶部，房屋空间最终效果如图1-143所示。

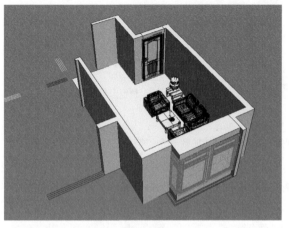

图1-142

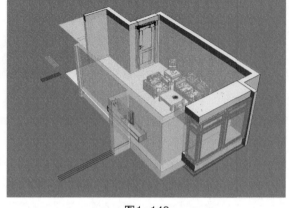

图1-143

Tips 这里为了方便观察，给所有模型一个白色的默认材质。

实例：搭建卧室空间

» 场景位置 无
» 实例位置 实例文件>CH01>搭建卧室空间.max
» 学习目标 学习卧室空间的搭建方法

扫码观看视频！

卧室空间效果如
图1-144所示。

图1-144

01 在3ds Max中进入顶视图，导入本书学习资源中的"场景文件>CH01 >03.dwg"文件，如图1-144所示，然后在弹出的对话框中勾选"焊接附近顶点"选项，接着单击"确定"按钮 确定 ，如图1-145所示，导入后的效果如图1-146所示。

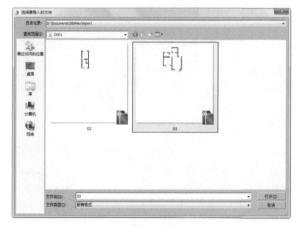

图1-145

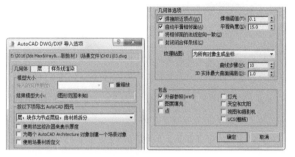

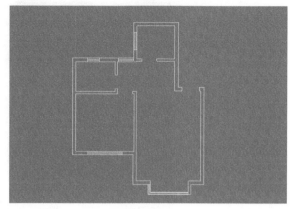

图1-146 　　　　　　　　　　　　　　　　　图1-147

02 使用"线"工具 线 绘制出卧室空间的墙体，如图1-148所示。

03 全选样条线，然后为其加载一个"挤出"修改器，接着设置"数量"为2800mm，如图1-149所示。

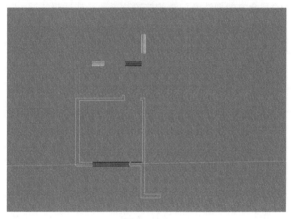

图1-148 　　　　　　　　　　　　　　　　　图1-149

04 在顶视图中，使用"线"工具 线 绘制地板轮廓，然后选中样条线，单击鼠标右键，将其转换为可编辑多边形，效果如图1-150所示。

05 下面制作窗台。使用"矩形"工具 矩形 绘制出窗台，如图1-151所示。然后为其加载一个"挤出"修改器，接着设置"数量"为800mm，如图1-152所示。

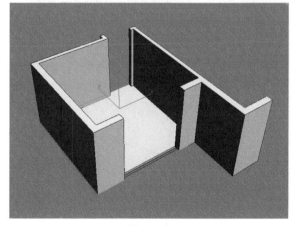

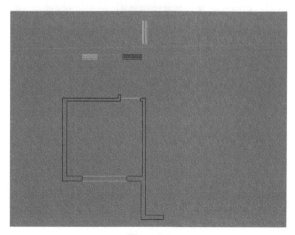

图1-150 　　　　　　　　　　　　　　　　　图1-151

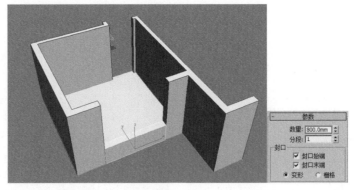

图1-152

06 使用"线"工具 ▮▮▮▮ 线 ▮▮▮ 沿着门洞和窗户的区域绘制矩形,然后为其加载一个"挤出"修改器,并设置"数量"为300mm,如图1-153所示。

07 下面导入门窗模型。使用"合并"命令导入学习资源中的"实例文件>CH01>搭建卧室空间>门.max"文件,然后拼合到门洞位置并调整大小,如图1-154所示。门的开合方向要注意门锁的位置,不要造成逻辑错误。

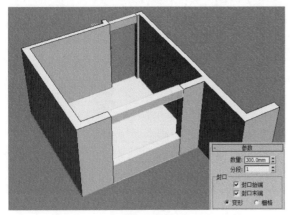

图1-153

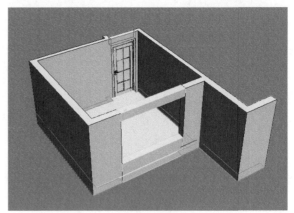

图1-154

08 使用"合并"命令导入学习资源中的"实例文件>CH01>搭建卧室空间>窗.max"文件,然后拼合到窗台位置并调整大小,如图1-155所示。

09 下面导入家具模型。使用"合并"命令导入学习资源中的"实例文件>CH01>搭建卧室空间>家具.max"文件,然后拼合到卧室位置并调整模型造型,如图1-156所示。床头方向应该远离房门,因此需要靠向背对视图的一面墙。

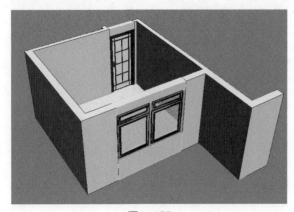

图1-155

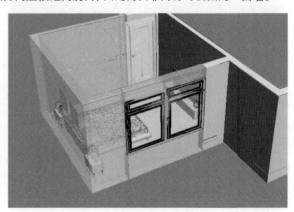

图1-156

10 使用"线"工具 沿着墙体外边沿绘制样条线，然后转换为可编辑多边形，接着移动到墙体顶部，房屋空间最终效果如图1-157所示。

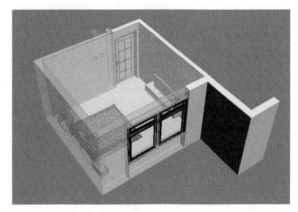

图1-157

实例：搭建浴室空间

» 场景位置 无
» 实例位置 实例文件>CH01>搭建浴室空间.max
» 学习目标 学习浴室空间的搭建方法

扫码观看视频！

浴室空间效果如图1-158所示。

图1-158

01 在3ds Max中进入顶视图，导入本书学习资源中的"场景文件>CH01 >03.dwg"文件，如图1-159所示，然后在弹出的对话框中勾选"焊接附近顶点"选项，接着单击"确定"按钮 确定 ，如图1-160所示，导入后的效果如图1-161所示。

图1-160

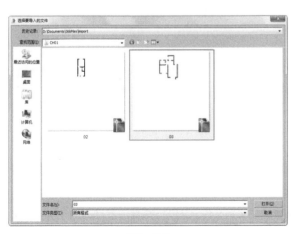

图1-159

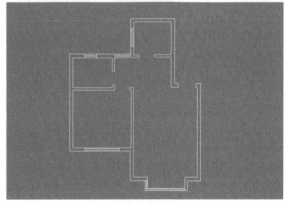

图1-161

02 使用"线"工具 线 绘制出浴室空间的墙体,如图1-162所示。

03 全选样条线,然后为其加载一个"挤出"修改器,接着设置"数量"为2800mm,如图1-163所示。

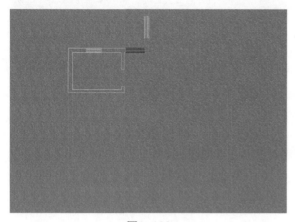

图1-162

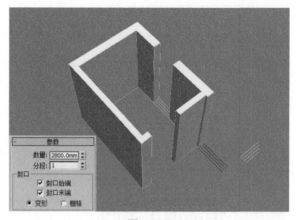

图1-163

04 在顶视图中,使用"线"工具 线 绘制地板轮廓,然后选中样条线,单击鼠标右键,将其转换为可编辑多边形,效果如图1-164所示。

05 下面制作窗台。使用"矩形"工具 矩形 绘制出窗台,如图1-165所示。然后为其加载一个"挤出"修改器,接着设置"数量"为800mm,如图1-166所示。

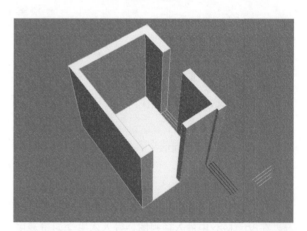

图1-164

图1-165

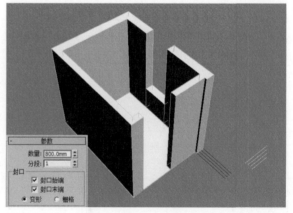

图1-166

06 使用"线"工具 线 沿着门洞和窗户的区域绘制矩形,然后为其加载一个"挤出"修改器,并设置"数量"为300mm,如图1-167所示。

07 下面导入门窗模型。使用"合并"命令导入学习资源中的"实例文件>CH01>搭建浴室空间>门.max"文件,然后拼合到门洞位置并调整大小,如图1-168所示。

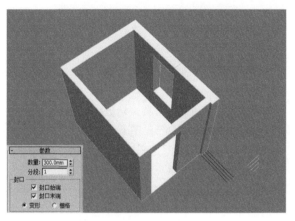

图1-167

图1-168

 Tips　门的开合方向要注意门锁的位置，不要造成逻辑错误。

08 使用"合并"命令导入学习资源中的"实例文件>CH01>搭建浴室空间>窗.max"文件，然后拼合到窗台位置并调整大小，如图1-169所示。

09 下面导入家具模型。使用"合并"命令导入学习资源中的"实例文件>CH01>搭建浴室空间>家具.max"文件，然后拼合到卧室位置并调整模型造型，如图1-170所示。

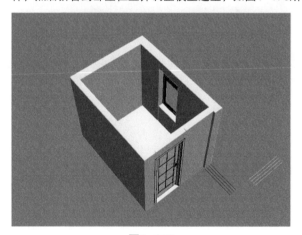

图1-169

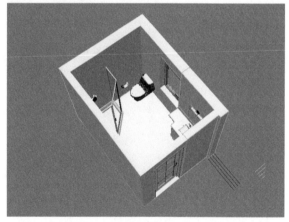

图1-170

 Tips　马桶的方向不宜朝向房门。

10 使用"线"工具 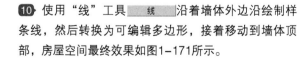 沿着墙体外边沿绘制样条线，然后转换为可编辑多边形，接着移动到墙体顶部，房屋空间最终效果如图1-171所示。

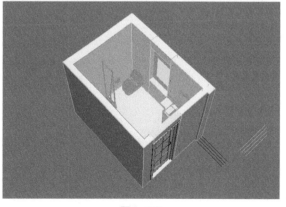

图1-171

疑难问答

使用FFD修改器缩放模型和使用缩放工具有何不同？

使用FFD修改器缩放模型，不会使模型的贴图拉伸，且容易还原。使用缩放工具，只是在视觉上缩放了模型，并未改变模型的原本尺寸，但对于模型原本的贴图会有拉伸效果，需要重新调节贴图坐标。

使用平滑类修改器不能达到预想效果时怎么办？

在使用平滑类修改器时，经常会遇到计算的结果与预想的不符合，这与两条线的距离有关。当两条线距离相近时，平滑后较为锐利且带棱角；当两条线相距较远时，平滑后会更加圆润。当一些转角处平滑后过于圆润时，可以考虑给模型的转角处加线。

使用平滑类修改器后物体表面依旧不平滑，该怎么办？

出现这种问题，需要增加平滑的迭代次数。如果仍旧不平滑，是模型本身存在重合的点、线或面。

复制、实例和参考这3种复制方式的区别是什么？

复制出的对象每一个都是独立的个体，修改其中任意一个的参数属性都不会影响其余对象；实例复制出的对象是相互关联的个体，修改其中任意一个的参数属性都会影响其余对象；参考复制出的对象，修改父对象参数属性会影响子对象，但修改子对象的参数属性则不会影响父对象。

建模有哪些小技巧？

建模时要符合规范，能用四边面的地方尽量不要使用三边面，这样利于后期使用平滑类修改器。建模的布线要规整有条理，符合模型的走势，这样选取环形的线段和卡线也更加顺畅。在界面操作时，不需要使用移动工具的情况下，应切换到选取工具，以防止误操作。

第2章

室内空间的场景构图

* 室内效果图常用构图　　* 标准摄影机　　* VRay物理摄影机　　* 安全框

2.1 室内效果图常用构图

构图是指作品中艺术形象的结构配置方法。它是造型艺术表达作品思想内容并获得艺术感染力的重要手段。它也是视觉艺术中常用的技巧和术语，特别是绘画、平面设计与摄影中。艺术家为了表现作品的主题思想和美感效果，在一定的空间，安排和处理人与物的关系及位置，把个别或局部的形象组成艺术的整体。构图处理是否得当、新颖和简洁，对于效果图的成败关系很大。

2.1.1 横向构图

横向构图是效果图中最常用的一种构图方式。常见的比例有4：3、16：9和16：10这3种，其中4：3是3ds Max默认的构图比例；16：9是常用的全屏显示效果图的比例；16：10是常用的宽屏显示效果图的比例。

同一个场景，不同的构图比例显示的画面效果也不相同，3种比例分别如图2-1~图2-3所示。

 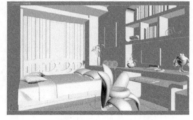 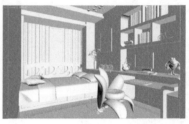

图2-1　　　　　　　　　　图2-2　　　　　　　　　　图2-3

根据场景表现的重点，选择合适的构图比例。如果没有合适的比例，也可以渲染成图后在Photoshop中进行裁剪。

2.1.2 纵向构图

纵向构图适合表现较高或纵深较大的空间，例如会议室、loft公寓和大堂等，如图2-4~图2-6所示。纵向构图没有固定比例，只需要表现画面重点即可。

  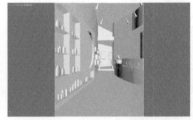

图2-4　　　　　　　　　　图2-5　　　　　　　　　　图2-6

2.1.3 长焦构图

长焦构图适合表现场景的主体对象，但画面透视感较弱，符合人眼的观察距离，如图2-7所示。

 长焦构图由于透视感较弱，主要用于特写类场景。

图2-7

2.1.4 短焦构图

短焦构图即常说的广角构图，适用于表现大空间，或让狭窄的空间看起来更宽阔。使用短焦构图时设置焦距不宜过小，否则会造成画面边缘的透视畸变，如图2-8所示。

图2-8

2.1.5 近焦构图

近焦构图是指焦距集中在近处某个对象上时，超过焦距范围的对象会被虚化，如图2-9所示。

图2-9

2.1.6 远焦构图

远焦构图与近焦构图相反，是将焦点集中在远处某个对象上时，近处的对象会被虚化，如图2-10所示。

图2-10

2.2 室内效果图构图工具

室内效果图的构图工具是3ds Max默认的标准摄影机和VRay渲染器自带的VRay物理摄影机。本节将详细讲解两种构图工具的使用方法。

2.2.1 标准摄影机

1.创建摄影机

在"创建"面板单击"摄影机"按钮，然后单击"目标"摄影机按钮 目标 ，接着在顶视图中拖曳出摄影机和目标点，如图2-11所示。

按C键可以切换到摄影机视图，按鼠标中间拖动鼠标可以整体平移摄影机。要预览最终效果，按组合键Shift＋F打开渲染安全框即可，如图2-12所示。

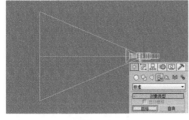

图2-11

图2-12

Tips 除了在"创建"面板创建摄影机外，还可以在菜单栏选择"创建>摄影机>目标摄影机"选项，然后在视图中拖曳鼠标即可创建；按组合键Ctrl＋C也可以直接创建。

2.渲染安全框

渲染安全框可以通俗地理解为相框，只要在安全框内显示的对象都可以被渲染出。渲染安全框可以直观地体现渲染输出的尺寸比例。

设置渲染的输出比例，按组合键F10打开渲染面板，然后在"公用"选项卡中可以设置图像的"宽度""高度"和"图像纵横比"，如图2-13所示。

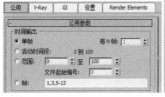

图2-13

Tips 设定了"图像纵横比"之后可以将其锁定，如果再次调整"宽度"或"高度"，"图像纵横比"的数值都不会改变，且"宽度"和"高度"值会随之变化。

当场景中创建了摄像机之后，在摄像机视图按组合键Shift＋F就可以显示渲染安全框，此时安全框内的对象即为渲染所看到的对象，这样便能直观地对场景摄像机进行调整。

安全框的打开方法有以下2种。

第1种：用鼠标右键单击视图左上角的名称，弹出快捷菜单，选择"显示安全框"选项，如图2-14所示。

第2种：按组合键Shift＋F可以直接打开。

设置渲染安全框的属性，用鼠标右键单击视图左上角视口类型名称，然后在弹出的快捷菜单里选择"配置"选项，如图2-15所示。接着在弹出的对话框中选择"安全框"选项卡，就可以对安全框进行设置，如图2-16所示。

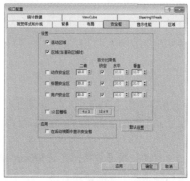

图2-14　　　　　　　　　　　图2-15　　　　　　　　　　　图2-16

勾选"动作安全框""标题安全框"和"用户安全框"3个选项后，单击"确定"按钮，会观察到视口中的安全框变成4条线，如图2-17和图2-18所示。

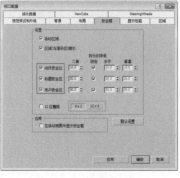

图2-17　　　　　　　　　　　　图2-18

通常在制作效果图时会打开"动作安全框"和"标题安全框"这两个选项，用户可根据实际情况与自身习惯选择需要打开的选项。

3.标准摄影机的参数

选中摄影机，然后切换到"修改"面板，显示"标准"摄影机的参数面板如图2-19所示。

※ 重要参数讲解

镜头：真实摄影机的焦距。人眼的视野是在35mm~45mm，模拟人眼视觉，需要将摄影机焦距设置在35mm~45mm。

视野：入视的角度。

备用镜头：系统预置的摄影机焦距镜头。

类型：切换摄影机的类型，包含"目标摄影机"和"自由摄影机"两种。

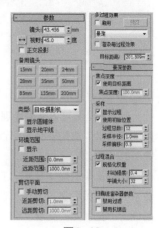

图2-19

显示圆锥体：显示摄影机视野定义的锥形光线（实际上是一个四棱锥）。锥形光线出现在其他视口，但是显示在摄影机视口中。

显示地平线：在摄影机视图中的地平线上显示一条深灰色的线条。

手动剪切：启用该选项可定义剪切的平面。

近距/远距剪切：设置近距和远距平面。对于摄影机，比"近距剪切"平面近或比"远距剪切"平面远的对象是不可见的。

目标距离：当使用"目标摄影机"时，该选项用来设置摄影机与其目标之间的距离。

2.2.2 VRay物理摄影机

1.创建摄影机

在"创建"面板单击"摄影机"按钮，然后选择VRay选项，接着单击"VRay物理摄影机"按钮 VR-物理摄影机，再在顶视图中拖曳出摄影机和目标点，如图2-20所示。

2.VRay物理摄影机的参数

选中摄影机，然后切换到"修改"面板，显示"VRay物理摄影机"的参数面板如图2-21所示。

※ **重要参数讲解**

目标：勾选该选项后，摄影机会出现目标点。

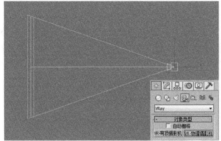

图2-20   图2-21

胶片规格（mm）：控制摄影机所看到的景色范围。数值越大，看到的景象就越多。

焦距（mm）：控制视野范围，数值越大，视野越小，透视越弱，如图2-22和图2-23所示。

图2-22   图2-23

缩放因子：控制摄影机视图的缩放。数值越大，摄影机视图拉得越近。

光圈数：设置摄影机的光圈大小，主要用来控制渲染图像的最终亮度。数值越小，图像越亮；数值越大，图像越暗，如图2-24~图2-26所示分别是"光圈数"值为6、8和10的对比渲染效果。注意，光圈和景深也有关系，大光圈的景深小，小光圈的景深大。

图2-24   图2-25   图2-26

目标距离：摄影机到目标点的距离，默认情况下是关闭的。当关闭摄影机的"目标"选项时，就可以用"目标距离"来控制摄影机的目标点的距离。

水平移动/垂直移动：控制摄影机在水平/垂直方向上的变形，主要用于纠正三点透视到两点透视。

猜测垂直倾斜/猜测水平倾斜：用于校正垂直/水平方向上的透视关系。

曝光：当勾选这个选项后，VRay物理摄影机中的"光圈数""快门速度（s-1）"和"胶片速度（ISO）"设置才会起作用。

光晕：模拟真实摄影机里的光晕效果，如图2-27和图2-28所示分别是勾选"光晕"和未勾选"光晕"选项时的渲染效果。

图2-27 　　　　　　　　　　　　　　图2-28

白平衡：和真实摄影机的功能一样，控制图像的色偏。

快门角度（度）：当摄影机选择"摄影机（电影）"类型的时候，该选项才被激活，其作用和上面的"快门速度（s-1）"的作用一样，主要用来控制图像的明暗。

胶片速度（ISO）：控制图像的明暗，数值越大，表示ISO的感光系数越强，图像也越亮。一般白天效果比较适合用较小的ISO，而晚上效果比较适合用较大的ISO，如图2-29~图2-31所示分别是"胶片速度（ISO）"值为80、100和120时的渲染效果。

图2-29 　　　　　　　　　图2-30 　　　　　　　　　图2-31

散景特效：也叫"甜甜圈"效果，在摄影中常见，主要用于制作景深效果，使光源产生光斑。

采样：包含"景深"和"运动模糊"两个选项，需要配合"渲染设置"面板中"摄影机"卷展栏中同时开启才能产生效果。

3.摄影机渲染面板设置

按F10键打开"渲染设置"面板，切换到V-Ray选项卡，然后展开"摄影机"卷展栏，如图2-32所示。

类型：包含10种类型摄影机，其中"默认""鱼眼"和"球形"是最常用的3种，效果分别如图2-33~图2-35所示。

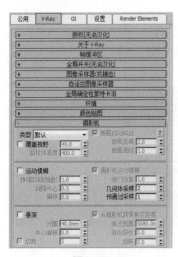  

图2-32 　　　　　　　　　图2-33 　　　　　　　　　图2-34

图2-35

运动模糊：控制是否开启运动模糊功能。这个功能只适用于具有运动对象的场景中，对静态场景不起作用。

景深：控制是否开启景深效果。当某一物体聚焦清晰时，从该物体前面的某一段距离到其后面的某一段距离内的所有景物都是相当清晰的。

4.景深效果

"标准"摄影机和"VRay物理摄影机"制作景深的步骤大致相同，这里以更复杂的"VRay物理摄影机"进行讲解。

将摄影机的目标点移动到需要对焦的对象上，如图2-36所示。

在"渲染设置"面板中展开"摄影机"卷展栏，然后勾选"景深"选项，接着勾选"从摄影机获得焦点距离"选项，如图2-37所示。

选中摄影机，然后在"参数"面板中勾选"曝光"和"景深"选项，如图2-38所示。

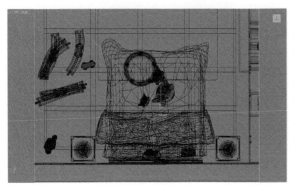

图2-36

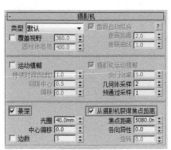

图2-37

图2-38

在顶视图中可以观察到，图中标出的两条平行线之间的区域成像清晰，越远离这个区域，成像越模糊，可以调节"光圈"的数值来调整范围，如图2-39所示。

如果"光圈"数值已经满足要求，为了达到合适的曝光，可调整"快门速度"或是"胶片速度（ISO）"的数值，效果如图2-40所示。

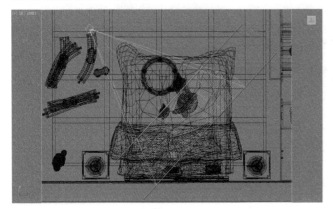

图2-39

图2-40

2.3 室内空间的构图实例

本节将通过4个实例，讲解"标准"摄影机的构图、景深，以及"VRay物理摄影机"的全景构图和景深的制作技法。

实例：标准摄影机的构图

» 场景位置　场景文件>CH02>01.max
» 实例位置　实例文件>CH02>标准摄影机的构图.max
» 学习目标　学习创建标准摄影机的方法

场景构图效果如图2-41所示。

扫码观看视频！

图2-41

01 打开本书学习资源"场景文件>CH02>01.max"文件，进入顶视图，如图2-42所示。观察顶视图，沙发是表现的重点，因此摄影机方向是从窗口朝沙发方向。

02 在"创建"面板单击"摄影机"按钮，然后单击"目标"摄影机按钮，接着在顶视图中拖曳出摄影机和目标点，如图2-43所示。

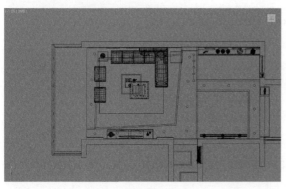

图2-42

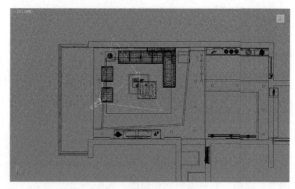

图2-43

03 按F键进入前视图，然后移动摄影机到图2-44所示的位置。

04 按C键进入摄影机视图，单击界面右下角的"环游摄影机"按钮，然后移动镜头得到图2-45所示的效果。

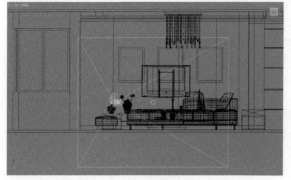

图2-44

图2-45

05 选中摄影机，进入"修改"面板，设置"镜头"为20mm、"视野"为83.974度，如图2-46所示。

06 按F10键，打开"渲染设置"面板，设置"宽度"为1000、"高度"为750，如图2-47所示。

07 回到摄影机视图，按组合键Shift+F，打开"渲染安全框"，效果如图2-48所示。

08 观察场景，发现左侧较空，按鼠标中键，向右平移摄影机，最终效果如图2-49所示。

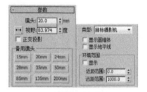

图2-46

图2-47

图2-48

图2-49

 Tips 广角镜头常会出现镜头畸变，选中摄影机，单击鼠标右键，选择"应用摄影机修改器"选项，可以自动校正畸变效果。

实例：标准摄影机的景深

» 场景位置　场景文件>CH02>02.max
» 实例位置　实例文件>CH02>标准摄影机的景深.max
» 学习目标　学习标准摄影机景深的制作方法

景深对比效果如图2-50所示。

扫码观看视频！

图2-50

01 打开本书学习资源"场景文件>CH02>02.max"文件，如图2-51所示。创建一个"标准"摄影机，摄影机的目标点放在餐桌的花瓶位置。

02 按F9键渲染出没有景深时的效果，如图2-52所示。

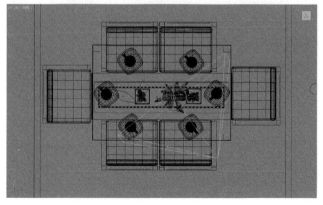

图2-51

图2-52

03 按F10键打开"渲染设置"面板，然后切换到V-Ray选项卡，接着展开"摄影机"卷展栏，勾选"景深"选项和"从摄影机获得焦点距离"选项，并设置"光圈"为15mm，如图2-53所示。

04 回到摄影机视图，按F9键再次渲染，添加景深后的效果如图2-54所示。

 Tips "光圈"数值的大小可以调节景深的大小。"光圈"数值越小，景深越小，模糊程度越小；反之，"光圈"数值越大，景深越大，模糊程度越大。

图2-53

图2-54

实例：VRay物理摄影机的全景构图

» 场景位置　场景文件>CH02>03.max
» 实例位置　实例文件>CH02> VRay物理摄影机的全景构图.max
» 学习目标　学习VRay物理摄影机的全景构图制作方法

全景构图的效果如图2-55所示。

扫码观看视频！

图2-55

01 打开本书学习资源"场景文件>CH02>03.max"文件，如图2-56所示。

02 在"创建"面板单击"摄影机"按钮，然后选择VRay选项，接着单击"VRay物理摄影机"按钮 VR-物理摄影机，再在顶视图中拖曳出摄影机和目标点，如图2-57所示。

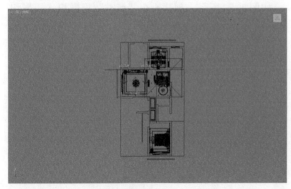

图2-56

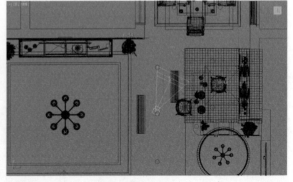

图2-57

Tips 对于全景效果，摄影机放置的最佳位置是房屋的中心。本例房间结构不是正四方形，因此摄影机应放置在家具较多的房间中心。

03 按F10键打开"渲染设置"面板，然后设置"宽度"为1000、"高度"为500，如图2-58所示。

Tips 渲染全景构图的效果图，图像输出的"图像纵横比"必须是2。

图2-58

04 切换到V-Ray选项卡，然后展开"摄影机"卷展栏，设置"类型"为"球形"，接着勾选"覆盖视野"选项，将其参数设置为360，如图2-59所示。

05 选中摄影机，然后切换到"修改"面板，取消勾选"光晕"选项和"曝光"选项，如图2-60所示。

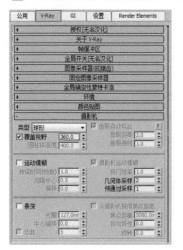

06 按C键进入摄影机视图，然后按F9键渲染，最终效果如图2-61所示。

图2-59　　　图2-60　　　　　　　　图2-61

实例：VRay物理摄影机的景深

» 场景位置　场景文件>CH02>04.max
» 实例位置　实例文件>CH02> VRay物理摄影机的景深.max
» 学习目标　学习VRay物理摄影机景深的制作方法

景深对比效果如图2-62所示。

扫码观看视频！

图2-62

01 打开本书学习资源"场景文件>CH02>04.max"文件，如图2-63所示。

02 创建一个VRay物理摄影机，将目标点放在餐桌上，如图2-64所示。

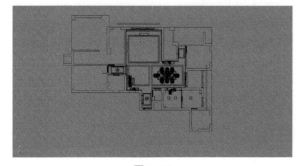

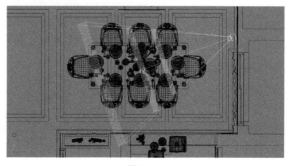

图2-63　　　　　　　　　　　图2-64

03 选中摄影机,然后切换到"修改"面板,分别设置"焦距"为35、"光圈数"为3、"快门速度"为50,接着单击"猜测垂直倾斜"按钮校正摄影机,设置参数如图2-65所示。

04 进入摄影机视图,按F9键渲染无景深效果,如图2-66所示。

图2-65

图2-66

05 按F10键打开"渲染设置"面板,然后在"摄影机"卷展栏中勾选"景深"选项,接着勾选"从摄影机获取焦点距离"选项,如图2-67所示。

06 选中摄影机,然后在"修改"面板中勾选"景深"选项,如图2-68所示。

07 进入摄影机视图,按F9键渲染带景深效果,如图2-69所示。

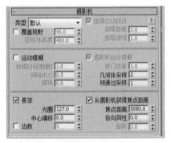

图2-67

图2-68

图2-69

疑难问答

❓ 目标摄影机和VRay物理摄影机渲染出的成图颜色怎样才能相同呢?

📝 VRay物理摄影机默认情况下开启了D65颜色滤镜。将滤镜改为"中性"就与目标摄影机相同了。

❓ 景深效果如何调整更加明显?

📝 第1种:在渲染面板中,调整景深的光圈数,并增大渲染参数。 第2种:调整摄影机的光圈,缩小焦内范围。

❓ 怎样使物体对摄影机不可见?

📝 选中该物体,然后单击鼠标右键选择"对象属性",接着在弹出的对话框中取消勾选"对摄影机可见"选项。

❓ 按组合键Shift+Q快速渲染,视角不是摄影机视图,如何设置为摄影机视图?

📝 需要在渲染设置面板中设置摄影机视口为渲染目标。

第3章

室内空间的场景布光

* 3ds Max灯光　　　* VRay灯光　　　* 空间布光方式　　　* 光影关系

3.1 真实世界的光影关系

灯光是效果图表现的一个重点，灯光的色彩和对比决定了画面的氛围。有了灯光，才能使画面的立体感更强，细节更加丰富。一张生动的效果图中的灯光一定非常有表现力，因此需要了解灯光的基本原理。

3.1.1 灯光的色彩基调

灯光的色彩基调分为冷色调和暖色调两大类。每一个基调都有不同的氛围，因此在初次打开场景时，就应确定好效果图的色彩基调。

图3-1所示的效果图，以夜晚深蓝色天光作为主光源照亮室内，以橙色室内灯光作为点缀，构成画面的冷暖对比。整个画面，以冷色为主、暖色为辅，层次分明，充分体现了画面的空间感。

图3-2所示的效果图，以暖色的室内人造灯光为主，冷色的室外天光为辅，构成画面的冷暖对比。

图3-1

图3-2

3.1.2 阴影的硬柔对比

阴影的硬和柔是指阴影边缘的明显程度。对于人造光源，光源本身越小，形成阴影的边缘就越锐利；光源本身越大，阴影的边缘就越柔和。

图3-3所示效果图，图中①是射灯产生的阴影，图中②是其他光源产生的阴影。

图3-3

3.1.3 光源的层次对比

光源的层次是指光源的强度层次。图3-4所示的图片场景主光源是台灯和落地灯，次级光源是射灯，因此最暗的阴影是在每个物体的下方。

图3-4

3.2 3ds Max/VRay的灯光系统

本节将主要讲解常用的3ds Max/VRay的灯光系统，包括"目标灯光""目标平行光""VRay灯光""VRay太阳""VRay天空"和"VRayHDRI"。

3.2.1 目标灯光

目标灯光带有一个目标点，用于指向被照明物体，如图3-5所示。目标灯光主要用来模拟现实中的筒灯、射灯和壁灯灯光等。

目标灯光参数面板如图3-6所示，下面介绍几种常用参数。

※ **重要参数讲解**

灯光属性中的启用：控制是否开启灯光。

灯光属性中的目标：启用该选项后，目标灯光才有目标点；如果禁用该选项，目标灯光没有目标点，将变成自由灯光。

阴影中的启用：控制是否开启阴影。

阴影类型列表：设置渲染器渲染场景时使用的阴影类型，包括"高级光线跟踪""mental ray阴影贴图""区域阴影""阴影贴图""光线跟踪阴影""VRay阴影"和"VRay阴影贴图"7种类型，如图3-7所示。

排除 排除... ：将选定的对象排除在灯光效果之外。单击该按钮可以打开"排除/包含"对话框，如图3-8所示。

灯光分布（类型）列表：设置灯光的分布类型，包含"光度学Web""聚光灯""统一漫反射"和"统一球形"4种类型。

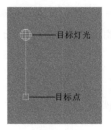
图3-5

图3-6

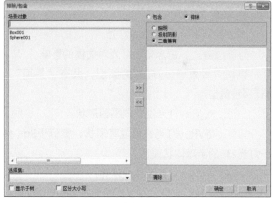
图3-8

图3-7

过滤颜色：使用颜色过滤器来模拟置于灯光上的过滤色效果。

lm（流明）：测量整个灯光（光通量）的输出功率。100瓦的通用灯泡约有1750 lm的光通量。

cd（坎德拉）：用于测量灯光的最大发光强度，通常沿着瞄准发射。100瓦通用灯泡的发光强度约为139 cd。

lx（lux）：测量由灯光引起的照度，该灯光以一定距离照射在曲面上，并面向灯光的方向。

3.2.2 目标平行光

目标平行光可以产生一个照射区域，主要用来模拟自然光线的照射效果。如果将目标平行光作为体积光来使用的话，那么可以用它模拟出激光光束等效果。目标平行光参数面板如图3-9所示。

图3-9

※ **重要参数讲解**

灯光类型的启用：控制是否开启灯光。

灯光类型列表：选择灯光的类型，包含"聚光灯""平行光"和"泛光"3种类型。

目标：如果启用该选项，灯光将成为目标平行光；如果关闭该选项，灯光将变成自由平行光。

阴影的启用：控制是否开启灯光阴影。

阴影类型：切换阴影的类型来得到不同的阴影效果。

排除 排除... ：将选定的对象排除在灯光效果之外。

倍增：控制灯光的强弱程度。

颜色：用来设置灯光的颜色。

聚光区/光束：用来调整灯光圆柱体的直径。

衰减区/区域：设置灯光衰减区的圆柱体的直径。

漫反射：开启该选项后，灯光将影响曲面的漫反射属性。

高光反射：开启该选项后，灯光将影响曲面的高光属性。

3.2.3 VRay灯光

VRay灯光主要用来模拟室内灯光，是效果图制作中使用频率最高的一种灯光，其参数设置面板如图3-10所示。

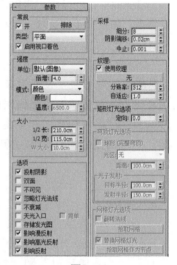

图3-10

※ **重要参数讲解**

开：控制是否开启VRay灯光。

排除 排除 ：用来排除灯光对物体的影响。

类型：设置VRay灯光的类型，共有"平面""穹顶""球体"和"网格"4种类型。

平面：将VRay灯光设置成平面形状。

穹顶：将VRay灯光设置成穹顶状，类似于3ds Max的天光，光线来自于位于灯光z轴的半球体状圆顶。

球体：将VRay灯光设置成球体。

网格：这种灯光是一种以网格为基础的灯光。

单位：指定VRay灯光的发光单位，共有"默认（图像）""发光率（lm）""亮度（lm/ m/sr）""辐射率（W）"和"辐射量（W/m/sr）"5种。

默认（图像）：VRay默认单位，依靠灯光的颜色和亮度来控制灯光的最后强弱，如果忽略曝光类型的因素，灯光色彩将是物体表面受光的最终色彩。

发光率（lm）：当选择这个单位时，灯光的亮度将和灯光的大小无关（100W的亮度大约等于1500lm）。

亮度（lm/m/sr）：当选择这个单位时，灯光的亮度和它的大小有关系。

辐射率（W）：当选择这个单位时，灯光的亮度和灯光的大小无关。注意，这里的瓦特和物理上的瓦特不一样，比如这里的100W大约等于物理上的2~3瓦特。

辐射量（W/m/sr）：当选择这个单位时，灯光的亮度和它的大小有关系。

倍增：设置VRay灯光的强度。

模式：设置VRay灯光的颜色模式，共有"颜色"和"色温"两种。

颜色：指定灯光的颜色。

温度：以温度模式来设置VRay灯光的颜色。

1/2长：设置灯光的长度。

1/2宽：设置灯光的宽度。

W大小：当前这个参数还没有被激活（即不能使用）。另外，这3个参数会随着VRay灯光类型的改变而发生变化。

投射阴影：控制是否对物体的光照产生阴影，如图3-11所示。

双面：用来控制是否让灯光的双面都产生照明效果（当灯光类型设置为"平面"时有效，设置为其他灯光类型时无效），如图3-12所示的是开启该选项时的灯光效果。

图3-11

图3-12

不可见：这个选项用来控制最终渲染时是否显示VRay灯光的形状，如图3-13所示。该选项在日常效果图制作中经常使用。

不衰减：在物理世界中，所有的光线都是有衰减的。如果勾选这个选项，VRay将不计算灯光的衰减效果，如图3-14所示。

图3-13

图3-14

影响漫反射：该选项决定灯光是否影响物体材质属性的漫反射。

影响高光反射：该选项决定灯光是否影响物体材质属性的高光。

影响反射：勾选该选项时，灯光将对物体的反射区进行光照，物体可以将灯光进行反射。

细分：这个参数控制VRay灯光的采样细分。当设置比较低的值时，会增加阴影区域的杂点，但是渲染速度比较快；当设置比较高的值时，会减少阴影区域的杂点，但是会减慢渲染速度。

3.2.4 VRay太阳

VRay太阳主要用来模拟真实的室外太阳光。VRay太阳的参数比较简单，只包含一个"VRay太阳参数"卷展栏，如图3-15所示。

在创建"VRay太阳"后，系统会弹出"VRay太阳"对话框，询问是否添加VRay天空到"环境"面板，通常选择"是"按钮，如图3-16所示。

※ **重要参数讲解**

启用：控制是否开启阳光效果。

不可见：开启该选项后，在渲染的图像中将不会出现太阳的形状。

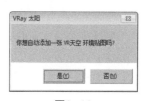
图3-15　　图3-16

影响漫反射：该选项决定灯光是否影响物体材质属性的漫反射。

影响高光：该选项决定灯光是否影响物体材质属性的高光。

投射大气阴影：开启该选项以后，可以投射大气的阴影，以得到更加真实的阳光效果。

浊度：这个参数控制空气的混浊度，它影响VRay太阳和VRay天空的颜色。比较小的值表示晴朗干净的空气，此时VRay太阳和VRay天空的颜色比较蓝；较大的值表示灰尘含量重的空气（比如沙尘暴），此时VRay太阳和VRay天空的颜色呈现为黄色甚至橘黄色，如图3-17~图3-19所示分别是"浊度"值为3、5、10时的阳光效果。

图3-17　　　　　　　　　　　图3-18　　　　　　　　　　　图3-19

臭氧：这个参数是指空气中臭氧的含量，较小的值的阳光比较黄，较大的值的阳光比较蓝，如图3-20~图3-22所示分别是"臭氧"值为0、0.5、1时的阳光效果。

图3-20　　　　　　　　　　　图3-21　　　　　　　　　　　图3-22

强度倍增：这个参数是指阳光的亮度，默认值为1。

大小倍增：这个参数是指太阳的大小，它的作用主要表现在阴影的模糊程度上，较大的值可以使阳光阴影比较模糊。

过滤颜色：用于自定义太阳光的颜色。

阴影细分：这个参数是指阴影的细分，较大的值可以使模糊区域的阴影产生比较光滑的效果，并且没有杂点。

阴影偏移：用来控制物体与阴影的偏移距离，较高的值会使阴影向灯光的方向偏移。

光子发射半径：这个参数和"光子贴图"计算引擎有关。

天空模型：用于选择天空的模型，可以选晴天，也可以选阴天。

间接水平照明：该参数目前不可用。

排除　　　　排除...　　　：用来将物体排除于阳光照射范围之外。

3.2.5 VRay天空

VRay天空是VRay灯光系统中的一个非常重要的照明系统。VRay没有真正的天光引擎，只能用环境光来代替，如图3-23所示是在"环境贴图"通道中加载了一张"VRay天空"环境贴图，这样就可以得到VRay的天光，再使用鼠标左键将"VRay天空"环境贴图拖曳到一个空白的材质球上就可以调节VRay天空的相关参数。

※ 重要参数讲解

指定太阳节点：当关闭该选项时，VRay天空的参数将从场景中的VRay太阳的参数里自动匹配；当勾选该选项时，用户就可以从场景中选择不同的灯光，在

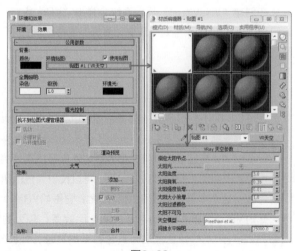

图3-23

这种情况下，VRay太阳将不再控制VRay天空的效果，VRay天空将用它自身的参数来改变天光的效果。

太阳光：单击后面的"无"按钮  可以选择太阳灯光，这里除了可以选择VRay太阳之外，还可以选择其他的灯光。

太阳浊度：与"VRay太阳参数"卷展栏下的"浊度"选项的含义相同。

太阳臭氧：与"VRay太阳参数"卷展栏下的"臭氧"选项的含义相同。

太阳强度倍增：与"VRay太阳参数"卷展栏下的"强度倍增"选项的含义相同。

太阳大小倍增：与"VRay太阳参数"卷展栏下的"大小倍增"选项的含义相同。

太阳过滤颜色：与"VRay太阳参数"卷展栏下的"过滤颜色"选项的含义相同。

太阳不可见：与"VRay太阳参数"卷展栏下的"不可见"选项的含义相同。

天空模型：与"VRay太阳参数"卷展栏下的"天空模型"选项的含义相同。

间接水平照明：该参数目前不可用。

3.2.6 VRayHDRI

VRayHDRI是用一张32位的图片包裹场景，用于场景照明使用。按8键打开"环境"面板，并在"背景"贴图通道加载VRayHDRI程序贴图，如图3-24所示。

将该贴图拖动到"材质编辑器"的空白材质球上，选择"实例"形式复制，参数面板如图3-25所示。

Tips 使用VRayHDRI贴图作为环境光，会让环境光更加自然，呈现的效果图也更趋近于真实世界。HDRI贴图带有丰富的细节，使得效果图在反射的细节上更加丰富和逼真。

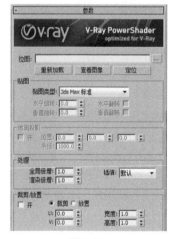

※ **重要参数讲解**

位图：用于载入一张32位图片。

贴图类型：此选项选择"球形"选项。

水平旋转：水平旋转贴图。

全局倍增：调节贴图的照明强度。

图3-24　　　　　　　　　　图3-25

3.3 室内空间的布光实例

本节将通过3个实例，来讲解开放空间、半封闭空间和全封闭空间的布光方法。

实例：开放空间布光方法

» 场景位置　场景文件>CH03>01.max
» 实例位置　实例文件>CH03>开放空间布光方法.max
» 学习目标　学习开放空间布光方法

开放空间布光效果如图3-26所示。

扫码观看视频！

图3-26

01 打开本书学习资源"场景文件>CH03>01.max"文件，这是一个阳台场景。该场景有大面积开窗，采光很好，因此场景只需要室外光照明即可。为了形成明暗对比，在创建太阳光时，确定画面中不受太阳光照射的区域占画面的60%，如图3-27所示。

图3-27

02 在"创建"面板单击"灯光"按钮，然后选择灯光类型为VRay，接着单击"VR-太阳" 按钮，如图3-28所示。

图3-28

03 在视图中拖曳出灯光，位置如图3-29所示，然后在弹出的"VRay太阳"对话框中选择"是"按钮，如图3-30所示。

04 选中"VRay太阳"灯光，然后切换到"修改"面板，接着分别设置"强度倍增"为0.01、"大小倍增"为5、"阴影细分"为8，如图3-31所示。

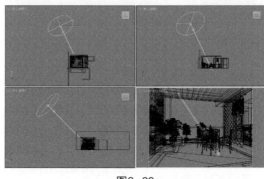

图3-29

图3-30

05 按F9键渲染效果，如图3-32所示。观察渲染效果后发现，未被阳光照射的位置光线较暗，需要在窗外创建一盏"VRay灯光"作为环境补光。

06 选择"VRay灯光"，然后在窗外拖曳出一盏平面灯光，位置如图3-33所示。

图3-31

图3-32

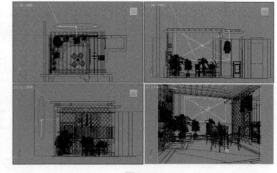

图3-33

07 选中"VRay灯光"，然后切换到"修改"面板，接着设置灯光参数如图3-34所示。

08 按C键回到摄影机视图，然后按F9键渲染效果，如图3-35所示。

Tips 创建的"VRay灯光"作为环境补光可以照亮场景中暗处部分，还可以使窗口到室内呈现一种由亮到暗的过渡，增强空间的立体感。

图3-34

图3-35

实例：半封闭空间布光方法

» 场景位置 场景文件>CH03>02.max
» 实例位置 实例文件>CH03>半封闭空间布光方法.max
» 学习目标 学习半封闭空间布光方法

半封闭空间布光效果如图如图3-36所示。

扫码观看视频！

图3-36

01 半封闭空间是效果图最常见的空间形式。打开本书学习资源"场景文件>CH03>02.max"文件，如图3-37所示。这是一个客厅场景，开窗很大，因此以室外阳光和天光为主光源，室内射灯灯光为辅助光源。

02 在场景中创建出一盏"VRay太阳"，其位置如图3-38所示。在弹出的"VRay太阳"对话框中选择"是"按钮，如图3-39所示。

图3-37

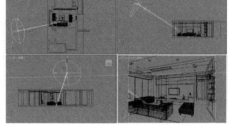

图3-38

图3-39

03 按F9键在摄影机视图渲染效果，如图3-40所示。观察渲染效果后发现，需要在窗外添加一盏灯光作为天光。

04 在窗外创建一盏"VRay灯光"，位置如图3-41所示。

05 选中"VRay灯光"，然后切换到"修改"面板，具体参数设置如图3-42所示。

图3-40

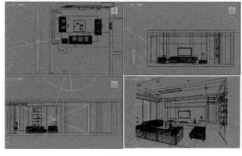

图3-41

图3-42

06 按F9键在摄影机视图渲染效果，如图3-43所示。

07 在"创建"面板单击"灯光"按钮，然后选择灯光类型为"光度学"，接着单击"目标灯光"按钮，如图3-44所示。

08 在场景中创建一盏"目标灯光"，然后以"实例"的形式复制到其余射灯模型下方，如图3-45所示。

图3-43

图3-44

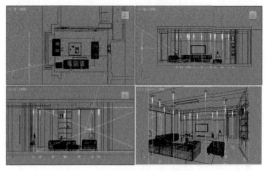

图3-45

 Tips 以"实例"形式复制射灯，是为了方便对射灯参数进行修改，提高制作效率。

09 选中任意一个"目标灯光"，然后切换到"修改"面板，参数设置如图3-46所示。

10 按F9键在摄影机视图渲染最终效果，如图3-47所示。

图3-46

图3-47

实例：封闭空间布光方法

» 场景位置 场景文件>CH03>03.max
» 实例位置 实例文件>CH03>封闭空间布光方法.max
» 学习目标 学习VRay物理摄影机的全景构图制作方法

封闭空间的布光效果如图3-48所示。

图3-48

扫码观看视频！

01 封闭空间常见于卫生间、包房、走廊等空间。打开本书学习资源"场景文件>CH03>03.max"文件，如图3-49所示。这是一个卫生间场景，因为是封闭空间，只能采用室内光源照亮整个场景。

02 在场景中创建一盏VRay球形灯光，作为主灯的灯光，照亮整个卫生间，位置如图3-50所示。

03 选中灯光，然后切换到"修改"面板，参数设置如图3-51所示。

图3-49   图3-50   图3-51

04 按F9键在摄影机视图测试效果，如图3-52所示。

05 在场景中创建一盏"VRay灯光"作为浴霸的灯光，位置如图3-53所示。

06 选中灯光，然后切换到"修改"面板，参数设置如图3-54所示。

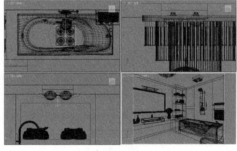

图3-52   图3-53   图3-54

07 按F9键在摄影机视图测试效果，如图3-55所示。

08 在场景中创建一盏"VRay灯光"作为镜前灯的灯光，位置如图3-56所示。

09 选中灯光，然后切换到"修改"面板，参数设置如图3-57所示。

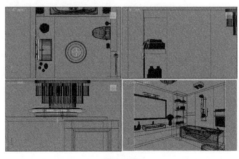

图3-55   图3-56   图3-57

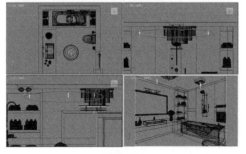

图3-58   图3-59

10 按F9键在摄影机视图测试效果，如图3-58所示。

11 在场景中创建一盏"目标灯光"，然后以"实例"的形式复制到图3-59所示的位置。

 Tips 这里创建"目标灯光"是为了让灯光效果更好，模拟灯光照射物体的光影效果。

12 选中任意一个"目标灯光",然后切换到"修改"面板,参数设置如图3-60所示。

13 按F9键在摄影机视图渲染最终效果,如图3-61所示。

图3-60　　　　　　　　　　　　　　　图3-61

疑难问答

⊘ 光源类型如何选择?

✎ 面对不同的发光模型,需要选择一种合适的光源,最好的选择办法就是参照现实光源。在现实生活中,通常使用"VRay灯光"中的"球形"灯光来模拟现实中的灯泡,如台灯、吊灯、壁灯等;"目标灯光"可以加载许多不同样式的光域网文件,模拟射灯和筒灯的灯光;VRayHDRI则是模拟环境光源,通常也用"VRay灯光"中的"平面"灯光模拟环境光。

⊘ 多灯光情况下,打光调试的技巧是什么?

✎ 当场景中有很多种类型的灯光时,会不容易控制灯光效果,使画面失去层次感,掌握一些打光技巧十分重要。在创建灯光时,应满足从主到次的顺序进行灯光创建。首先确定场景是表现日景还是夜景,其次确定场景是以天光为主还是以室内光源为主。确定好后按照"从外到内、从大到小"的顺序进行灯光创建。

"从外到内"是指先创建天光(阳光),然后创建室内光源。"从大到小"是指先创建场景中亮度最大的光源,确定整体的亮度和颜色基调,然后添加小的光源,这样就可以很好地控制场景的亮度和层次。

⊘ 灯光阴影有非常多的噪点怎么办?

✎ 首先需要分析产生噪点的阴影区域是局部还是整体。如果是局部产生的噪点,就需要找到对应的光源然后增加细分值;如果是整体,就需要增加所有灯光的细分值。如果以上两种情况都没能消除,则需要修改渲染参数。

在VRay灯光渲染中,蓝色的灯光和纯白色的灯光容易产生噪点。在遇到这两种光源时,一定要增加灯光的细分值。

⊘ 如何确定灯光的倍增值?

✎ 在创建灯光时无法直观地看到灯光的照射范围,因此不能准确确定灯光的倍增值,只能通过灯光的类型和大小根据经验估算出倍增值,然后测试渲染效果再进行调整。在同样的倍增值下,球形灯光的照射强度要小于平面灯光。

⊘ 灯光渲染不出来如何解决?

✎ 首先确定是否有模型遮挡了灯光,比如创建的"目标灯光"的光源与筒灯模型或天花板模型部分重合导致渲染不出,其次检查是否关闭了"启用"选项,最后检查是否"排除"了其他模型。

⊘ 怎样让灯光在物体反射中看不见?

✎ 对于有些灯光,已经勾选了"不可见"选项,但在其他模型的反射中依然能看到,如镜子、不锈钢等。要让光源在模型反射中不可见,就需要在灯光的选项中取消勾选"影响反射"选项。

⊘ 复杂的吊顶灯槽应该怎样创建光源?

✎ 对于普通的吊顶灯槽,只需要创建平面灯即可。而对于结构复杂的吊顶灯槽,创建灯光的方法有以下两种。

第1种:沿着灯槽创建一条样条线,然后设置一定的厚度,接着赋予一个"VRay灯光"材质,并开启"直接光"选项。

第2种:沿着灯槽创建一条样条线,然后设置一定的厚度,接着将模型转化为"VRay灯光"中的网格灯光。

 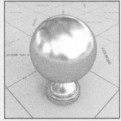  

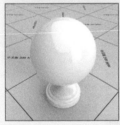  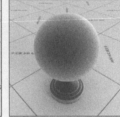 

第4章

室内空间的场景材质

* 3ds Max默认材质   * VRay材质   * 程序贴图   * 材质指定方法

4.1 材质概述

材质主要用于表现物体的颜色、质地、纹理、透明度和光泽等特性，依靠各种类型的材质可以制作出现实世界中的任何物体。

材质也是增强画面真实度和感染力最直观的表现手法。真实的材质具有大量的细节，在制作商业效果图时，虽然不能做到让细节面面俱到，但在时间和技术允许的情况下，还是可以做到以假乱真。

图4-1和图4-2所示为两幅优秀的照片级效果图。

图4-1

图4-2

4.1.1 材质的物理属性

材质的物理属性，是指材质的漫反射、反射、折射和凹凸。通过这些物理属性，反映出材质的颜色、质地、光泽度和纹理。

1.漫反射

"漫反射"是指材质的固有色和纹理，它们是物体本身的颜色和纹理属性。对于金属一类强反射的物体，其表现的颜色是随反射而变化的，并不是真正的固有色，如图4-3所示。透明或半透明物体会随着折射颜色的变化而变化，也不是它的固有色，如图4-4所示。

图4-3

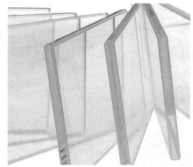

图4-4

2.反射

"反射"是指光照射在物体上并反射出来，被人眼或摄影机接收。材质分为表面反射和次表面反射，如金属、瓷砖等反射较强的材质都是表面反射；玉石、皮肤等材质是次表面反射，如图4-5和图4-6所示。

图4-5

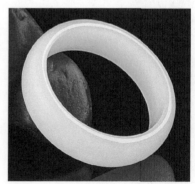

图4-6

3.折射

　　"折射"是指光从一种透明介质斜射入另一种透明介质时，传播方向一般会发生变化，而产生变化的夹角就是折射率。不同的材质拥有不同的折射率，如水的折射率为1.33，玻璃的折射率为1.5。折射只存在于半透明或透明的物体，如图4-7和图4-8所示。

图4-7

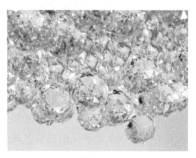

图4-8

4.凹凸

　　"凹凸"是指物体表面深浅不一的纹理。某些物体的凹凸是细小复杂的，为了得到正确的光影计算结果，通过建模很难达到，就需要通过凹凸属性来表现这些细节。

　　在日常制作效果图的凹凸时，对于布料、皮纹等拥有复杂纹理的材质，例如图4-9所示的皮纹材质，就需要在Photoshop中将其转换为黑白图片，如图4-10所示。

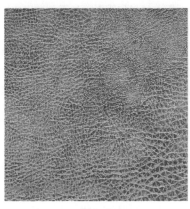

图4-9

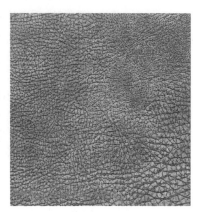

图4-10

4.1.2 菲涅耳反射

　　菲涅耳反射是指反射强度与视角之间的关系。当视线垂直于表面时，反射较弱，而当视线非垂直表面时，夹角越小，反射越明显，如图4-11所示。当视线与物体表面的夹角越小，物体反射模糊程度就越大，而当视线与物体表面夹角越大，物体反射模糊程度越小，如图4-12和图4-13所示。

图4-11

图4-12

图4-13

　　如果不使用菲涅尔反射效果的话，则反射是不考虑视点与表面之间角度的。在真实世界中，任何物质都存在菲涅耳反射，但是金属的菲涅耳反射效果很弱。

4.2 常用的3ds Max默认材质

　　本节将主要讲解常用的3ds Max默认材质，包括"标准"材质和"混合"材质两种。

4.2.1 标准材质

按M键打开"材质球编辑器",系统默认的材质球就是"标准"材质。"标准"材质是3ds Max默认的材质,也是使用频率最高的材质之一,它几乎可以模拟真实世界中的任何材质,其参数面板如图4-14所示。

※ **重要参数讲解**

环境光:可以用于模拟间接光,也可以用于模拟光能传递。

漫反射:"漫反射"是在光照条件较好的情况下(比如在太阳光和人工光直射的情况下)物体反射出来的颜色,又被称作物体的"固有色",也就是物体本身的颜色。

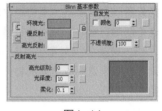

图4-14

高光反射:物体发光表面高亮显示部分的颜色。

自发光:使用"漫反射"颜色替换曲面上的任何阴影,从而创建出白炽灯效果。

不透明度:用于控制材质的不透明度。

高光级别:用于控制"反射高光"的强度。数值越大,反射强度越强。

光泽度:用于控制镜面高亮区域的大小,即反光区域的大小。数值越大,反光区域越小。

柔化:设置反光区和无反光区衔接的柔和度。0表示没有柔化效果;1表示应用最大量的柔化效果。

4.2.2 混合材质

"混合"材质可以在模型的单个面上将两种材质通过一定的百分比进行混合,其参数设置面板如图4-15所示。

※ **重要参数讲解**

材质1/材质2:可在其后面的材质通道中对两种材质分别进行设置。

遮罩:可以选择一张贴图作为遮罩。利用贴图的灰度值可以决定"材质1"和"材质2"的混合情况。

混合量:用于控制两种材质混合百分比。如果使用遮罩,则"混合量"选项将不起作用。

交互式:用来选择哪种材质在视图中以实体着色方式显示在物体的表面。

混合曲线:对遮罩贴图中的黑白色过渡区进行调节。

使用曲线:控制是否使用"混合曲线"来调节混合效果。

上部:用于调节"混合曲线"的上部。

下部:用于调节"混合曲线"的下部。

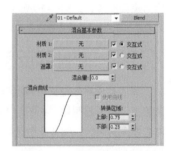

图4-15

4.3 VRay材质

本节将主要讲解常用的VRay材质,包括VRayMtl材质、"VRay灯光"材质、"VRay混合"材质和"VRay包裹"材质4种。

4.3.1 VRayMtl材质

VRayMtl材质是使用频率最高的一种材质,也是使用范围最广的一种材质,常用于制作室内外效果图。VRayMtl材质除了能完成一些反射和折射效果外,还能出色地表现出SSS以及BRDF等效果,其参数设置面板如图4-16所示。

※ 重要参数讲解

漫反射: 用来控制物体的表面颜色。通过鼠标左键单击它的色块，可以调整自身的颜色，用鼠标左键单击右边的▇按钮可以选择不同的贴图类型。

反射: 这里的反射是靠颜色的灰度来控制，颜色越白反射越亮，颜色越黑反射越弱; 而这里选择的颜色则是反射出来的颜色，和反射的强度是分开来计算的。用鼠标左键单击旁边的▇按钮，可以使用贴图的灰度来控制反射的强弱。

菲涅耳反射: 勾选该选项后，反射强度会与物体的入射角度有关系，入射角度越小，反射越强烈。当垂直入射的时候，反射强度最弱。同时，菲涅耳反射的效果也和下面的"菲涅耳折射率"有关。当"菲涅耳折射率"为0或100时，将产生完全反射; 而当"菲涅耳折射率"从1变化到0时，反射越强烈; 同样，当菲涅耳折射率从1变化到100时，反射也越强烈。

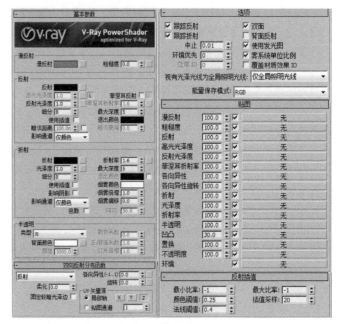

图4-16

菲涅耳折射率: 在"菲涅耳反射"中，菲涅耳现象的强弱衰减率可以用该选项来调节。

高光光泽度: 用于控制材质的高光大小，默认情况下和"反射光泽度"一起关联控制，可以通过单击旁边的L按钮▇来解除锁定，从而可以单独调整高光的大小。

反射光泽度: 通常也被称为"反射模糊"。物理世界中所有的物体都有反射光泽度，只是或多或少而已。默认值1表示没有模糊效果，而比较小的值表示模糊效果越强烈。鼠标左键单击右边的▇按钮，可以通过贴图的灰度来控制反射模糊的强弱，图4-17~图4-19分别为反射光泽度0.5、0.7、0.9的对比效果。

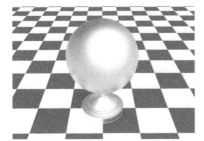

图4-17

图4-18

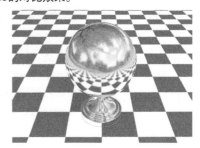

图4-19

细分: 用于控制"反射光泽度"的品质，较高的值可以取得较平滑的效果，而较低的值可以让模糊区域产生颗粒效果。注意，细分值越大，渲染速度越慢。

使用插值: 当勾选该参数时，VRay能够使用类似于"发光贴图"的缓存方式来加快反射模糊的计算。

最大深度: 是指反射的次数，数值越高效果越真实，但渲染时间也更长。

退出颜色: 当物体的反射次数达到最大次数时就会停止计算反射，这时由于反射次数不够造成的反射区域的颜色就用退出色来代替。

折射: 和反射的原理一样，颜色越白，物体越透明，进入物体内部产生折射的光线也就越多; 颜色越黑，物体越不透明，产生折射的光线也就越少。鼠标左键单击旁边的▇按钮，可以通过贴图的灰度来控制折射的强弱。

折射率: 用于设置透明物体的折射率。

 效果图常用的折射率: 水的折射率是1.33，玻璃的折射率是1.5，水晶的折射率是2，钻石的折射率是 2.4。

光泽度：用来控制物体的折射模糊程度。值越小，模糊程度越明显；默认值为1时不产生折射模糊。单击右边的按钮■，可以通过贴图的灰度来控制折射模糊的强弱。

最大深度：和反射中的最大深度原理一样，用来控制折射的最大次数。

细分：用来控制折射模糊的品质，较高的值可以得到比较光滑的效果，但是渲染速度会变慢；而较低的值会使模糊区域产生杂点，但是渲染速度会变快。

退出颜色：当物体的折射次数达到最大次数时就会停止计算折射，这是由于折射次数不够造成的折射区域的颜色就用退出色来代替。

使用插值：当勾选该选项时，VRay能够使用类似于"发光贴图"的缓存方式来加快"光泽度"的计算。

影响阴影：这个选项用来控制透明物体产生的阴影。勾选该选项时，透明物体将产生真实的阴影。注意，这个选项仅对"VRay灯光"和"VRay阴影"有效。

影响通道：设置折射效果是否影响对应图像通道，通常保持默认的设置即可。

烟雾颜色：这个选项可以让光线通过透明物体后使光线变少，就好像物理世界中的半透明物体一样。这个颜色值和物体的尺寸有关，厚的物体颜色需要设置淡一点才有效果。

烟雾倍增：可以理解为烟雾的浓度。数值越大，烟雾越浓，光线穿透物体的能力越差（不推荐使用大于1的值），如图4-20~图4-22所示，分别为烟雾倍增值为1、0.5、0.2时的效果。

图4-20　　　　　　　　　　　图4-21　　　　　　　　　　　图4-22

烟雾偏移：控制烟雾的偏移，较低的值会使烟雾向摄影机的方向偏移。

半透明的类型：半透明效果（也叫3S效果）的类型有3种，一种是"硬（蜡）模型"，比如蜡烛；一种是"软（水）模型"，比如海水；还有一种是"混合模型"，比如玉石。

背面颜色：用来控制半透明效果的颜色。

厚度：用来控制光线在物体内部被追踪的深度，也可以理解为光线的最大穿透能力。较大的数值，会让整个物体都被光线穿透；较小的数值，可以让物体比较薄的地方产生半透明现象。

散布系数：物体内部的散射总量。0表示光线在所有方向被物体内部散射；1表示光线在一个方向被物体内部散射，而不考虑物体内部的曲面。

正/背面系数：控制光线在物体内部的散射方向。0表示光线沿着灯光发射的方向向前散射；1表示光线沿着灯光发射的方向向后散射；0.5表示这两种情况各占一半。

灯光倍增：设置光线穿透能力的倍增值。值越大，散射效果越强。

双向反射分布函数列表：包含3种类型，分别是反射、多面和沃德。反射适合硬度很高的物体，高光区很小；多面适合大多数物体，高光区适中；沃德适合表面柔软或粗糙的物体，高光区最大，分别如图4-23~图4-25所示。

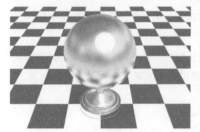  

图4-23　　　　　　　　　　　图4-24　　　　　　　　　　　图4-25

各向异性（-1..1）：控制高光区域的形状，可以用该参数来设置拉丝效果，如图4-26和图4-27所示。

旋转：控制高光区的旋转方向，如图4-28和图4-29所示。

跟踪反射：控制光线是否追踪反射。如果不勾选该选项，VRay将不渲染反射效果。

跟踪折射：控制光线是否追踪折射。如果不勾选该选项，VRay将不渲染折射效果。

中止：中止选定材质的反射和折射的最小阈值。

最小比率：在反射对象不丰富

图4-26　　　　　　　　图4-27

图4-28　　　　　　　　图4-29

（颜色单一）的区域使用该参数所设置的数值进行插补。数值越高，精度就越高，反之精度就越低。

最大比率：在反射对象比较丰富（图像复杂）的区域使用该参数所设置的数值进行插补。数值越高，精度就越高，反之精度就越低。

颜色阈值：指的是插值算法的颜色敏感度。数值越大，敏感度就越低。

法线阈值：指的是物体的交接面或细小的表面的敏感度。数值越大，敏感度就越低。

插值采样：用于设置反射插值时所用的样本数量。数值越大，效果就越平滑模糊。

4.3.2　VRay灯光材质

"VRay灯光"材质主要用来模拟自发光效果。当设置渲染器为VRay渲染器后，在"材质/贴图浏览器"对话框中可以找到"VRay灯光"材质，参数面板如图4-30所示。

※　**重要参数讲解**

颜色：设置对象自发光的颜色，后面的输入框用来设置自发光的"强度"。通过后面的贴图通道可以加载贴图来代替自发光的颜色。

不透明度：用贴图来指定发光体的透明度。

背面发光：当勾选该选项时，它可以让材质光源双面发光。

补偿摄影机曝光：勾选该选项后，"VRay灯光材质"产生的照明效果可以用于增强摄影机曝光。

图4-30

按不透明度倍增颜色：勾选该选项后，同时通过下方的"置换"贴图通道加载黑白贴图，可以通过位图的灰度强弱来控制发光强度，白色为最强。

置换：在后面的贴图通道中可以加载贴图来控制发光效果。调整数值输入框中的数值可以控制位图的发光强弱，数值越大，发光效果越强烈。

直接照明：该选项组用于控制"VRay灯光材质"是否参与直接照明计算。

开：勾选该选项后，"VRay灯光材质"产生的光线仅参与直接照明计算，即只产生自身亮度及照明范围，不参与间接光照的计算。

细分：设置"VRay灯光材质"所产生光子参与直接照明计算时的细分效果。

中止：设置"VRay灯光材质"所产生光子参与直接照明时的最小能量值，能量小于该数值时光子将不参与计算。

4.3.3 VRay混合材质

"VRay混合材质"可以让多个材质以层的方式混合来模拟物理世界中的复杂材质。"VRay混合材质"和3ds Max里的"混合"材质的效果比较类似，但是其渲染速度比"混合"材质快很多，其参数面板如图4-31所示。

※ **重要参数讲解**

基本材质：可以理解为最基层的材质。

镀膜材质：表面材质，可以理解为基本材质上面的材质。

混合数量：这个混合数量是表示"镀膜材质"混合多少到"基本材质"上面，如果颜色为白色，那么这个"镀膜材质"将全部混合上去，而下面的"基本材质"将不起作用；如果颜色为黑色，那么这个"镀膜材质"自身就没什么效果。混合数量也可以由后面的贴图通道来代替。

相加（虫漆）模式：选择这个选项，"VRay混合材质"将和3ds Max里的"虫漆"材质效果类似，一般情况下不勾选它。

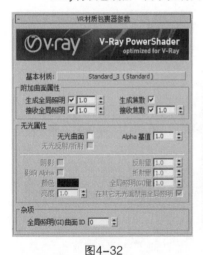

图4-31

4.3.4 VRay材质包裹器

"VRay材质包裹器"用于控制因GI在物体间反弹而产生的色溢现象，参数面板如图4-32所示。

色溢现象如图4-33所示，白色的模型上染上了红色的地面。当给地面材质球添加"VRay材质球包裹器"之后，设置"生成全局照明"为0，再次渲染后可以观察到色溢现象得到控制，如图4-34所示。

图4-32

图4-33

图4-34

※ **重要参数讲解**

基本材质：原有材质的加载通道。

生成全局照明：该材质发出的全局光强度。

接收全局照明：该材质接收的全局光强度。

Alpha基值：控制该材质的Alpha通道。

> **Tips** 与"VRay包裹器"功能相似的还有"VRay覆盖材质"，"VRay覆盖材质"可以分别设置"全局照明材质""反射材质""折射材质"和"阴影材质"。

4.4 程序贴图

本节将讲解常用的程序贴图。程序贴图分为3ds Max自带的"标准"贴图和VRay贴图，贴图面板如图4-35所示。

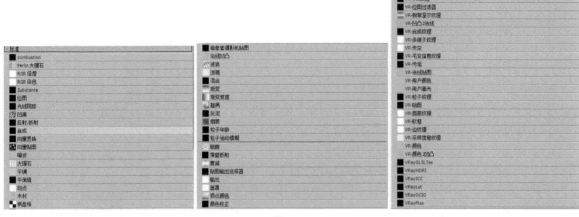

图4-35

4.4.1 位图贴图

位图贴图是一种最基本的贴图类型，也是最常用的贴图类型。位图贴图支持很多种格式，包括FLC、AVI、BMP、GIF、JPEG、PNG、PSD和TIFF等主流图像格式，如图4-36所示。

在所有的贴图通道中都可以加载位图贴图。加载位图后，3ds Max会自动弹出位图的参数设置面板，如图4-37所示。

图4-36　　　　　　　图4-37

※ **重要参数讲解**

偏移：将平铺后的贴图进行移位。

瓷砖：位图的平铺数量，图4-38和图4-39所示为数值1和2时的效果。

角度：平铺贴图的旋转方向。

模糊：调整贴图的模糊程度。当设置"模糊"为0.01时，可以在渲染时得到最精细的贴图效果，如图4-40所示；如果设置为1或更大的数值（注意，数值低于1并不表示贴图不模糊，只是模糊效果不是很明显），则可以得到模糊的贴图效果，如图4-41所示。

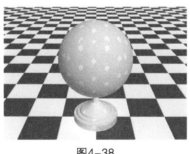

图4-38

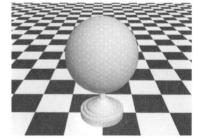

图4-39

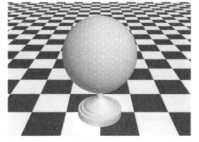

图4-40

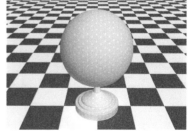

图4-41

查看图像：在"位图参数"卷展栏下勾选"应用"选项，然后单击后面的"查看图像"按钮 查看图像 ，在弹出的对话框中可以对位图的应用区域进行调整。

4.4.2 噪波贴图

使用"噪波"程序贴图可以将噪波效果添加到物体的表面，以突出材质的质感。"噪波"程序贴图通过应用分形噪波函数来扰动像素的UV贴图，从而表现出非常复杂的物体材质，其参数设置面板如图4-42所示。

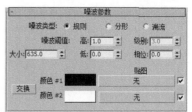

图4-42

※ **重要参数讲解**

噪波类型：共有3种类型，分别是"规则""分形"和"湍流"。

规则：生成普通噪波，如图4-43所示。

分形：使用分形算法生成噪波，如图4-44所示。

湍流：生成应用绝对值函数来制作故障线条的分形噪波，如图4-45所示。

图4-43　　　　　　　　　　　图4-44　　　　　　　　　　　图4-45

大小：以3ds Max为单位设置噪波函数的比例。

噪波阈值：控制噪波的效果，取值范围为0~1。

级别：决定有多少分形能量用于分形和湍流噪波函数。

相位：控制噪波函数的动画速度。

交换 交换：交换两个颜色或贴图的位置。

颜色#1/颜色#2：可以从两个主要噪波颜色中进行选择，通过所选的两种颜色来生成中间颜色值。

4.4.3 平铺贴图

使用"平铺"程序贴图可以创建类似于瓷砖的贴图，通常在制作有很多建筑砖块图案时使用，其参数设置面板如图4-46所示。

※ **重要参数讲解**

预设类型：控制不同的平铺方式，如图4-47所示。

图4-46　　　　　　　　　　　　　　　　　　　　　　　　　　　图4-47

平铺设置中的纹理：通过颜色进行调节，也可以在后面的贴图通道中加载贴图。

砖缝设置中的纹理：通过颜色进行调节，也可以在后面的贴图通道中加载贴图。

水平数/垂直数：控制平铺的数量。

水平间距/垂直间距：控制砖缝的宽度。

4.4.4 法线凹凸贴图

法线凹凸贴图是向低多边形对象添加高分辨率细节的一种方法。法线贴图是一个三种颜色的贴图，与用于常规凹凸贴图的灰度贴图不同。红色通道编码法线方向的左右轴，绿色通道编码法线方向的上下轴，蓝色通道编码垂直深度，参数面板如图4-48所示。

图4-48

※ **重要参数讲解**

法线：通常包含由渲染到纹理生成的法线贴图。使用复选框可启用或禁用贴图（默认设置为启用），使用微调按钮可提高或降低贴图效果。

附加凹凸：此可选组件包含其他用于修改凹凸或位移效果的贴图。可以将其视为规则凹凸贴图。使用复选框可启用或禁用贴图（默认设置为启用）。使用微调按钮可提高或降低贴图效果。

4.4.5 混合贴图

"混合"程序贴图可以用来制作材质之间的混合效果，其参数设置面板如图4-49所示。

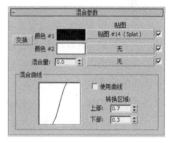

图4-49

※ **重要参数讲解**

交换 交换 ：用于交换两个颜色或贴图的位置。
颜色#1/颜色#2：用于设置混合的两种颜色。
混合量：用于设置混合的比例。
混合曲线：用曲线来确定对混合效果的影响。
转换区域：用于调整"上部"和"下部"的级别。

4.4.6 衰减贴图

"衰减"程序贴图可以用来控制材质强烈到柔和的过渡效果，使用频率很高，其参数设置面板如图4-50所示。

图4-50

※ **重要参数讲解**

衰减类型：设置衰减的方式，共有以下5种。
垂直/平行：在与衰减方向相垂直的面法线和与衰减方向相平行的法线之间设置角度衰减范围，如图4-51所示。
朝向/背离：在面向衰减方向的面法线和背离衰减方向的法线之间设置角度衰减范围，如图4-52所示。
Fresnel：基于IOR（折射率）在面向视图的曲面上产生暗淡反射，而在有角的面上产生较明亮的反射，如图4-53所示。

图4-51

图4-52

图4-53

阴影/灯光：基于落在对象上的灯光，在两个子纹理之间进行调节，如图4-54所示。

距离混合：基于"近端距离"值和"远端距离"值，在两个子纹理之间进行调节，如图4-55所示。

衰减方向：设置衰减的方向。

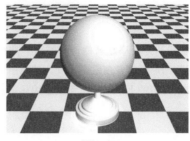

图4-54

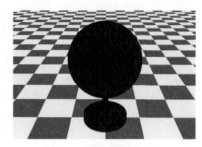

图4-55

4.4.7 VRay污垢贴图

"VRay污垢"贴图常用于渲染AO通道，以增强暗角效果，参数面板如图4-56所示。

※ 重要参数讲解

半径：设置投影的范围大小。

阻光颜色：设置投影区域的颜色。

非阻光颜色：类似于漫反射颜色，设置阴影区域以外的颜色。

分布：设置投影的扩散程度。

衰减：设置投影边缘的衰减程度。

细分：设置投影污垢材质的采样数量。

偏移：分别设置投影在三个轴向上偏移的距离。

忽略全局照明：开启后忽略渲染设置对话框中的全局光设置。

反转法线：翻转投影的方向。

图4-56

4.4.8 VRay边纹理贴图

"VRay边纹理"贴图用于生成线框和面的复合效果，主要用来渲染线框效果图，参数面板如图4-57所示。

※ 重要参数讲解

颜色：设置线框的颜色。

隐藏边：勾选后显示三角面线框。

像素：设置线框的粗细。

图4-57

4.4.9 VRay天空贴图

"VRay天空"贴图是随着"VRay太阳"灯光的创建而自动询问是否添加在环境面板中，贴图的颜色和强度根据灯光的参数而生成，参数面板如图4-58所示。

勾选"指定太阳节点"选项后，可以单独调节其中的参数，不再与灯光关联。其参数含义与"VRay太阳"含义相同，这里不再进行介绍。

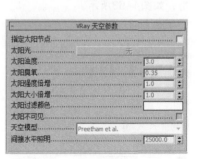

图4-58

4.5 材质的指定方法

本节将主要讲解材质和贴图的坐标设定方法。

4.5.1 UVW贴图修改器

"UVW贴图"修改器是添加贴图坐标的基本方法。选中模型后，切换到"修改"面板，然后在"修改器堆栈"中选择"UVW贴图"选项，参数面板如图4-59所示。

※ 重要参数讲解

平面：从对象上的一个平面投影贴图，在某种程度上类似于投影幻灯片。在需要贴图对象的一侧，会使用平面投影。它还用于倾斜地在多个侧面贴图，以及用于贴图对称对象的两个侧面，如图4-60所示。

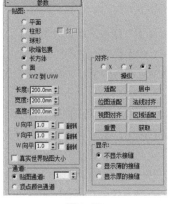

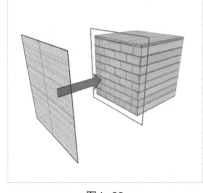

图4-59 图4-60

柱形：从圆柱体投影贴图，使用它包裹对象。位图接合处的缝是可见的，除非使用无缝贴图。圆柱形投影用于基本形状为圆柱形的对象，如图4-61所示。

球形：通过从球体投影贴图来包围对象。在球体顶部和底部，位图边与球体两极交汇处会看到缝和贴图奇点。球形投影用于基本形状为球形的对象，如图4-62所示。

收缩包裹：使用球形贴图，但是它会截去贴图的各个角，然后在一个单独极点将它们全部结合在一起，仅创建一个奇点。收缩包裹贴图用于隐藏贴图奇点，如图4-63所示。

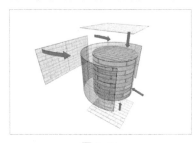

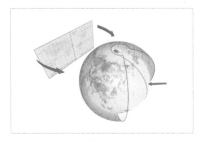

图4-61 图4-62 图4-63

长方体：从长方体的六个侧面投影贴图。每个侧面投影为一个平面贴图，且表面上的效果取决于曲面法线。贴图将以垂直于模型法线方向的长方体投射于模型的每个面，如图4-64所示。

面：对对象的每个面应用贴图副本。使用完整矩形贴图来共享贴图隐藏边的成对面。使用贴图的矩形部分贴图不带隐藏边的单个面，如图4-65所示。

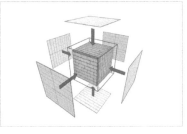

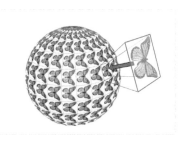

图4-64 图4-65

XYZ到UVW：将 3D 程序坐标贴图到 UVW 坐标，这会将程序纹理贴到表面。如果表面被拉伸，3D 程序贴图也会被拉伸。对于包含动画拓扑的对象，请结合程序纹理（如，细胞）使用此选项，如图4-66所示。

长度/宽度/高度：指定"UVW 贴图"gizmo 的尺寸。在应用修改器时，贴图图标的默认缩放由对象的最大尺寸定义。

U向平/V向平/W向平：用于指定 UVW 贴图的尺寸以便平铺图像。

图4-66

贴图通道：用于设置贴图通道。"UVW 贴图"修改器默认为通道 1，因此贴图以默认方式工作，除非显式更改为其他通道。默认值为 1，范围为 1 至 99。如果指定一个不同的通道，请确保使用该贴图通道的对象材质中的所有贴图也都设置为该通道。在修改器堆栈中可使用多个"UVW 贴图"修改器，每个修改器控制材质中包含不同贴图的贴图坐标。

X/Y/Z：选择其中之一，可翻转贴图 gizmo 的对齐。每项指定 Gizmo 的哪个轴与对象的局部 Z 轴对齐。

适配：将 gizmo 适配到对象的范围并使其居中，以使其锁定到对象的范围。在启用"真实世界贴图大小"时不可用。

居中：移动 gizmo，使其中心与对象的中心一致。

重置：删除控制 gizmo 的当前控制器，并插入使用"拟合"功能初始化的新控制器。所有 Gizmo 动画都将丢失。就像所有对齐选项一样，可通过鼠标左键单击"撤消"来重置操作。

4.5.2 UVW展开修改器

"UVW 展开"修改器用于将贴图（纹理）坐标指定给对象和子对象，并手动或通过各种工具来编辑这些坐标。还可以使用它来展开和编辑对象上已有的 UVW 坐标。

对于一些复杂的模型和贴图，"UVW贴图"修改器不能很好地解决缝隙拐角等位置的贴图走向，"UVW展开"修改器可以很好地解决这一问题。

参数面板如图4-67所示。

※ **重要参数讲解**

顶点/边/多边形：在各自的纹理子对象层级上启用选择。

按元素 XY 切换选择：当此选项处于启用状态并且修改器的子对象层级处于活动状态时，在修改的对象上用鼠标左键单击"元素"，将选择该元素中活动层级上的所有子对象。

扩大: XY 选择：通过选择连接到选定子对象的所有子对象来扩展选择。

收缩: XY 选择：通过取消选择与非选定子对象相邻的所有子对象来减少选择。

循环: XY 边：在与选中边相对齐的同时，尽可能远地扩展选择。循环仅用于边选择，而且仅沿着偶数边的交点传播。

环形: XY 边：通过选择所有平行于选中边的边来扩展边选择。圆环只应用于边选择。

忽略背面：启用时，将不选中视图中不可见的子对象。

打开 UV 编辑器：打开"编辑 UVW"对话框，如图4-68所示。

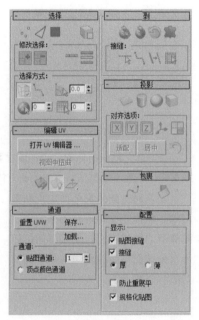

图4-67

视图中扭曲：启用时，通过在视图中的模型上拖动顶点，每次可以调整一个纹理顶点。执行此操作时，顶点不会在视图中移动，但是编辑器中顶点的移动会导致贴图发生变化。要在调整顶点时看到贴图的变化，对象必须使用纹理进行贴图并且纹理必须在视图中可见。

重置 UVW：在修改器堆栈上将 UVW 坐标还原为先前的状态，即通过"展开"修改器从堆栈中继承的坐标。

X/Y/Z：将贴图 Gizmo 对齐到对象局部坐标系中的 X 轴、Y 轴或 Z 轴。

贴图接缝：启用此选项时，贴图簇边界在视图中显示为绿线。可以通过调整显示接缝颜色来更改该颜色。

接缝：此选项处于启用状态时，贴图边界在视图中显示为蓝线。

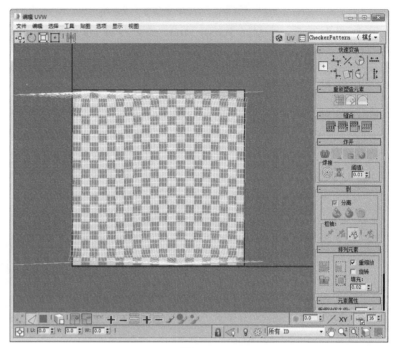

图4-68

4.6 室内空间的材质实例

本节将通过实例，讲解室内空间常用材质的设置方法。

实例：木地板材质

» 场景位置　场景文件>CH04>01.max
» 实例位置　实例文件>CH04>木地板材质.max
» 学习目标　学习木地板材质的设置方法

木地板材质效果如图4-69所示。

扫码观看视频！

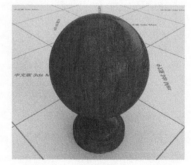

图4-69

01 打开本书学习资源"场景文件>CH04>01.max"文件，这是一个材质球模型，如图4-70所示。

02 按M键打开"材质球编辑器"，新建一个VRayMtl材质球，参数设置如图4-71所示。

① 在"漫反射"通道中加载一张学习资源中的"实例文件>CH04>木地板材质>木地板.jpg"贴图。

② 设置"反射"颜色为（红:70，绿:70，蓝:70）。

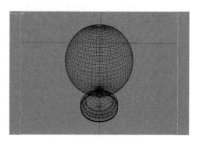

图4-70

③ 设置"高光光泽度"为0.85、"反射光泽度"为0.9。

④ 展开"贴图"卷展栏，然后在"凹凸"通道中加载一张学习资源中的"实例文件>CH04>木地板材质>木地板bump.jpg"贴图，并设置"凹凸"强度为20。

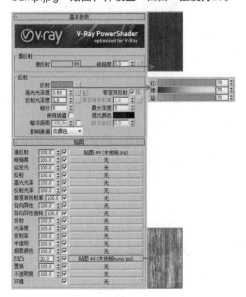

03 选中材质球，为其添加一个"UVW贴图"修改器，然后设置"贴图"类型为"长方体"，接着分别设置"长度""宽度"和"高度"都为80mm，最后设置"对齐"为Y，如图4-72所示。

04 材质球效果如图4-73所示，渲染效果如图4-74所示。

图4-71 图4-72 图4-73 图4-74

实例：不锈钢材质

» 场景位置 场景文件>CH04>01.max
» 实例位置 实例文件>CH04>不锈钢材质.max
» 学习目标 学习不锈钢材质的设置方法

不锈钢材质效果如图4-75所示。

扫码观看视频！

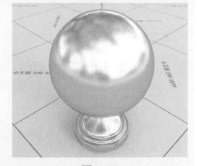

图4-75

01 打开本书学习资源"场景文件>CH04>01.max"文件，这是一个材质球模型，如图4-76所示。

02 按M键打开"材质球编辑器"，新建一个VRayMtl材质球，参数设置如图4-77所示。

① 设置"漫反射"为（红:0，绿:0，蓝:0）。

② 设置"反射"为（红:235，绿:235，蓝:235）。

③ 设置"反射光泽度"为0.95、"菲涅耳折射率"为8。

④ 设置"双向反射分布函数"的类型为"沃德"。

> **Tips**　"反射光泽度"数值的大小可以控制不锈钢磨砂的程度，数值越小，磨砂程度越大。

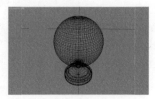

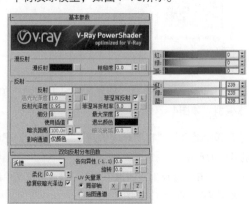

图4-76 图4-77

03 材质球效果如图4-78所示，渲染效果如图4-79所示。

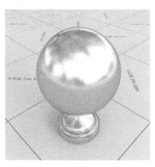

图4-78　　　　　　　　图4-79

> **Tips**　由于金属类材质反射较强，渲染这类材质时，需要添加一个外部环境贴图。

实例：金属材质

» 场景位置　场景文件>CH04>01.max
» 实例位置　实例文件>CH04>金属材质.max
» 学习目标　学习金属材质的设置方法

金属材质的效果如图4-80所示。

扫码观看视频！

图4-80

01 打开本书学习资源"场景文件>CH04>01.max"文件，这是一个材质球模型，如图4-81所示。

02 按M键打开"材质球编辑器"，新建一个VRayMtl材质球，参数设置如图4-82所示。

① 设置"漫反射"为（红:0，绿:0，蓝:0）。
② 设置"反射"为（红:255，绿:149，蓝: 35）。
③ 设置"反射光泽度"为0.9、"菲涅耳折射率"为12。
④ 设置"双向反射分布函数"的类型为"沃德"。

03 材质球效果如图4-83所示，渲染效果如图4-84所示。

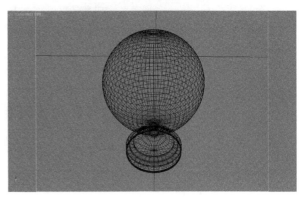

图4-81

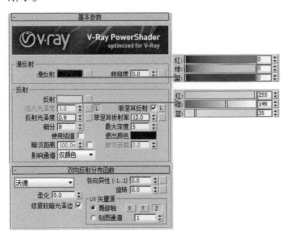

图4-82

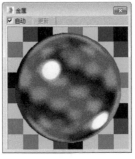

图4-83　　　　　　　　图4-84

实例：玻璃材质

» 场景位置　场景文件>CH04>01.max
» 实例位置　实例文件>CH04>玻璃材质.max
» 学习目标　学习玻璃材质的设置方法

玻璃材质的效果如图4-85所示，有色玻璃材质的效果如图4-86所示。

扫码观看视频！

图4-85

图4-86

01 打开本书学习资源"场景文件>CH04>01.max"文件，这是一个材质球模型，如图4-87所示。

02 按M键打开"材质球编辑器"，新建一个VRayMtl材质球，参数设置如图4-88所示。

① 设置"漫反射"为（红:0，绿:0，蓝:0）。

② 设置"反射"为（红:255，绿:255，蓝: 255）.

③ 设置"反射光泽度"为0.99。

④ 设置"折射"颜色为（红:240，绿:240，蓝: 240）。

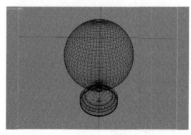
图4-87

⑤ 设置"光泽度"为0.99、"折射率"为1.517，勾选"影响阴影"选项。

03 材质球效果如图4-89所示，渲染效果如图4-90所示。

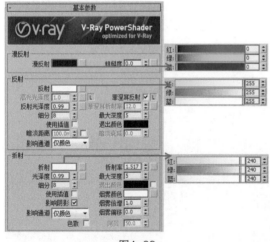
图4-88

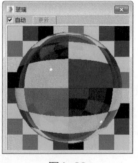
图4-89

图4-90

04 有色玻璃材质，还需要设置"烟雾颜色"，参数设置如图4-91所示。

① 设置"烟雾颜色"为（红:102，绿:201，蓝:125）。

② 设置"烟雾倍增"为0.5、"烟雾偏移"为1.5。

05 材质球效果如图4-92所示，渲染效果如图4-93所示。

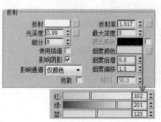
图4-91

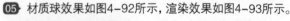

图4-92

图4-93

实例：陶瓷材质

» 场景位置　场景文件>CH04>01.max
» 实例位置　实例文件>CH04>陶瓷材质.max
» 学习目标　学习陶瓷材质的设置方法

陶瓷材质的效果如图4-94所示。

扫码观看视频！

图4-94

01 打开本书学习资源"场景文件>CH04>01.max"文件，这是一个材质球模型，如图4-95所示。

02 按M键打开"材质球编辑器"，新建一个VRayMtl材质球，参数设置如图4-96所示。

　① 设置"漫反射"为（红:251，绿:251，蓝:246）。
　② 设置"反射"为（红:233，绿:233，蓝: 233）.
　③ 设置"高光光泽度"为0.9、"反射光泽度"为0.95。

03 材质球效果如图4-97所示，渲染效果如图4-98所示。

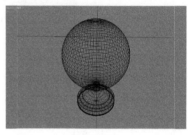
图4-95

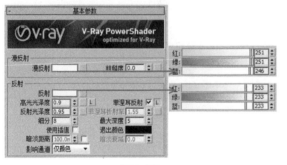
图4-96

图4-97

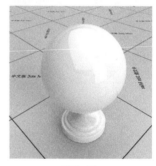
图4-98

实例：水材质

» 场景位置　场景文件>CH04>01.max
» 实例位置　实例文件>CH04>水材质.max
» 学习目标　学习水材质的设置方法

水材质的效果如图4-99所示。

扫码观看视频！

图4-99

01 打开本书学习资源"场景文件>CH04>01.max"文件，这是一个材质球模型，如图4-100所示。

02 按M键打开"材质球编辑器"，新建一个VRayMtl材质球，参数设置如图4-101所示。

① 设置"漫反射"为（红:128，绿:128，蓝:128）。

② 设置"反射"为（红:255，绿:255，蓝: 255）。

③ 设置"反射光泽度"为0.99。

④ 设置"折射"为（红:220，绿:220，蓝:220）。

⑤ 设置"折射率"为1.33，勾选"影响阴影"选项。

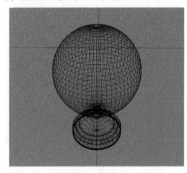

图4-100

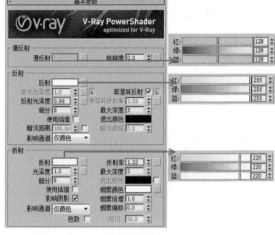

图4-101

03 展开"贴图"卷展栏，在"凹凸"通道中加载一张"噪波"贴图，参数如图4-102所示。

① 设置"噪波类型"为"湍流"、"级别"为3、"大小"为100。

② 设置"凹凸"强度为20。

04 材质球效果如图4-103所示，渲染效果如图4-104所示。

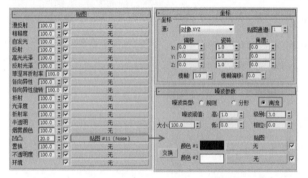

图4-102

图4-103

图4-104

实例：绒布材质

» 场景位置　场景文件>CH04>01.max

» 实例位置　实例文件>CH04>绒布材质.max

» 学习目标　学习绒布材质的设置方法

绒布材质的效果如图4-105所示。

扫码观看视频！

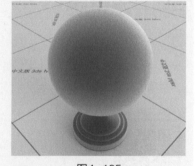

图4-105

01 打开本书学习资源"场景文件>CH04>01.max"文件，这是一个材质球模型，如图4-106所示。

02 按M键打开"材质球编辑器"，新建一个VRayMtl材质球，然后在"漫反射"通道中加载一张"衰减"贴图，参数设置如图4-107所示。

① 设置"前"通道颜色为（红:46，绿:19，蓝:80）。

② 设置"侧"通道颜色为（红:150，绿:126，蓝: 179）。

③ 设置"衰减类型"为"垂直/平行"。

03 设置"反射"颜色为（红:164，绿:164，蓝: 164）、"高光光泽度"为0.5、"反射光泽度"为0.55，如图4-108所示。

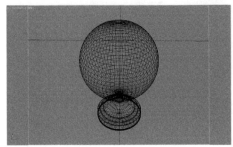

图4-106

图4-107

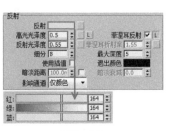

图4-108

04 展开"贴图"卷展栏，在"凹凸"通道中加载一张"噪波"贴图，参数设置如图4-109所示。

① 设置"噪波类型"为"分形"、"大小"为0.8。

② 设置"凹凸"强度为30。

05 材质球效果如图4-110所示，渲染效果如图4-111所示。

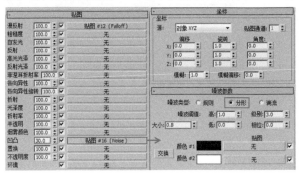

图4-109

图4-110

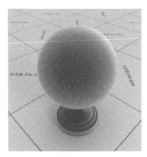

图4-111

实例: 塑料材质

» 场景位置　场景文件>CH04>01.max

» 实例位置　实例文件>CH04>塑料材质.max

» 学习目标　学习塑料材质的设置方法

塑料材质的效果如图4-112所示，透明塑料材质的效果如图4-113所示。

扫码观看视频！

图4-112

图4-113

01 打开本书学习资源"场景文件>CH04>01.max"文件，这是一个材质球模型，如图4-114所示。

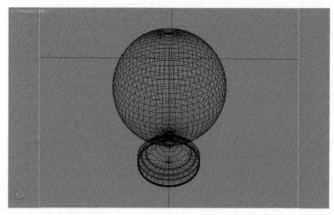

图4-114

02 按M键打开"材质球编辑器",新建一个VRayMtl材质球,参数设置如图4-115所示。

① 设置"漫反射"颜色为(红:104,绿:10,蓝:10)。

② 设置"反射"颜色为(红:242,绿:242,蓝: 242)。

③ 设置"高光光泽度"为0.8、"反射光泽度"为0.93、"菲涅耳折射率"为1.5。

④ 设置"双向反射分布函数"的类型为"多面"。

03 材质球效果如图4-116所示,渲染效果如图4-117所示。

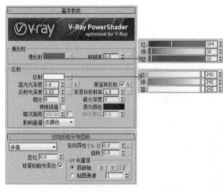

图4-115

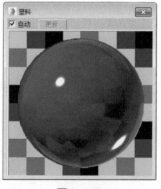

图4-116

图4-117

04 透明塑料材质,是在原有参数的基础上增加了折射参数,如图4-118所示。

① 设置"折射"颜色为(红:150,绿:150,蓝: 150)。

② 设置"折射率"为1.58,勾选"影响阴影"选项。

05 材质球效果如图4-119所示,渲染效果如图4-120所示。

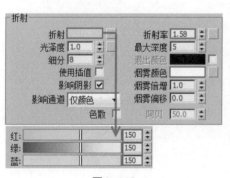

图4-118

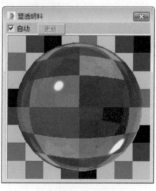

图4-119

图4-120

实例：皮革材质

» 场景位置　场景文件>CH04>01.max
» 实例位置　实例文件>CH04>皮革材质.max
» 学习目标　学习皮革材质的设置方法

皮革材质的效果如图4-121所示。

扫码观看视频！

图4-121

01 打开本书学习资源"场景文件>CH04>01.max"文件，这是一个材质球模型，如图4-122所示。

02 按M键打开"材质球编辑器"，新建一个VRayMtl材质球，参数设置如图4-123所示。

① 在"漫反射"通道中加载一张学习资源中的"实例文件>CH04>皮革材质>皮革.jpg"贴图。

② 设置"反射"颜色为（红:100，绿:100，蓝:100）。

③ 设置"高光光泽度"为0.7、"反射光泽度"为0.85。

④ 展开"贴图"卷展栏，然后在"凹凸"通道中加载学习资源中的"实例文件>CH04>皮革材质>皮革bump.jpg"贴图，并设置"凹凸"强度为20。

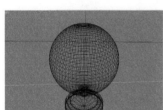

图4-122

图4-123

03 选中材质球，为其添加一个"UVW贴图"修改器，然后设置"贴图"类型为"长方体"，接着设置"长度"为235.369mm、"宽度"和"高度"分别为165.327mm和165.332mm，最后设置"对齐"为Y，如图4-124所示。

04 材质球效果如图4-125所示，渲染效果如图4-126所示。

图4-124

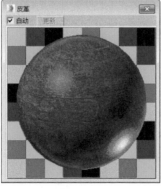

图4-125

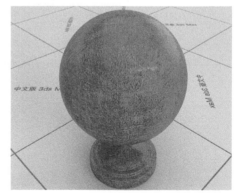

图4-126

疑难问答

⑦ 场景渲染后出现彩色花斑应如何解决？

✍ 当场景中的材质使用了渐变坡度贴图，渲染时就可能会产生彩色花斑，尤其是当导入一些外部植物模型素材时，渲染会出现绿色花斑。解决方法是将该贴图删除或直接删除模型，再次渲染便不会出现该问题。

⑦ 渲染对象噪点很多应如何解决？

✍ 模型材质设置了较低的"反射光泽度"或折射的"光泽度"数值后，对象容易产生噪点。解决办法除了增大反射和折射的细分值，也可以增大渲染参数。

⑦ 贴图文件显示丢失怎么办？

✍ 导入一些外部素材后，会显示贴图路径丢失。在"实用程序"中选择"位图/光度学路径"选项，可以选择丢失路径的贴图重新指定路径，也可以使用一些网络上的贴图管理插件进行贴图查找。

⑦ 为什么置换通道添加了贴图后模型变形严重？

✍ 置换通道的强度值不能太大。默认数值是100，通常设定的数值应不高于10。

⑦ 如何精确地把一个贴图纹理贴在指定位置？

✍ 第1种方法是将需要贴图的模型单独分离出来，成为一个独立的模型，然后赋予材质并调整UVW坐标。第2种方法是将模型做UVW展开，然后烘焙一张展开的边缘线贴图，在Photoshop中处理后再赋予模型。

⑦ 怎样调整噪波贴图的颗粒大小？

✍ 将噪波贴图加载在"漫反射"通道，然后调整颗粒的大小，调整好后复制到需要添加的通道中即可。

⑦ 为什么有些材质的反射为纯黑色？

✍ 观察一些外部导入的素材材质，发现反射颜色设置为纯黑色时，没有任何反射。在现实世界中物体的表面没有绝对平滑，都存在细小的凹凸，也就是日常说的粗糙度。在某些材质中，如乳胶漆、棉布等，它们最强的反射也会被分散开而弱化，因此在软件中设置这类材质时，就将这种弱化设定为没有反射，反射值为黑色。

第5章

室内空间的场景渲染

* LWF线性工作流　　* VRay渲染设置　　* VRay渲染参数

5.1 传统渲染与LWF线性工作流

传统渲染的效果图会出现很多死黑的位置，后期无法进行调整，这就需要用虚拟灯光模拟补光。可场景中如果出现很多现实中不存在的光源，就会使得渲染的图片显得不真实。LWF线性工作流很好地解决了这一难题，通过对显示器Gamma值的校正，不需要添加虚拟的补光，就会使渲染的图片更加真实。

5.1.1 LWF线性工作流

LWF线性工作流是指一种通过调整图像Gamma值，来使得图像得到线性化显示的技术流程。而线性化的本意就是让图像得到正确的显示结果。设置LWF后会使图像明亮，这个明亮即是正确的显示结果，是线性化的结果。

传统的全局光渲染在常规作图流程下渲染的图像会比较暗，尤其是暗部。本来这个图像是不应该这么暗的，尤其当我们作图调高灯光亮度时，亮处都几近曝光了场景的某些暗部还是亮不起来，而这个过暗问题，最主要的原因是因为显示器错误地显示了图像，使得本来不暗的图像，被显示器给显示暗了。

使用LWF线性工作流，通过调整Gamma，让图像回到正确的线性化显示效果，使得图像的明暗看起来更有真实感，更符合人眼视觉和现实中真正的光影感，而不是像原本那样的明暗差距过大。

图5-1和图5-2所示为同一个场景在传统渲染与LWF线性工作流下的渲染效果。

图5-1

图5-2

5.1.2 LWF线性工作流的设置方法

LWF线性工作流设置方法如下。

第1步：打开菜单栏的"渲染"菜单，然后选择"Gamma/LUT设置"选项，如图5-3所示。

第2步：在弹出的"首选项设置"对话框中，选择"Gamma和LUT"选项卡，接着勾选"启用Gamma和LUT校正"选项，设置Gamma值为2.2，最后勾选"影响颜色选择器"和"影响材质选择器"选项，如图5-4所示。

图5-3

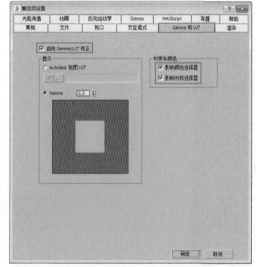

图5-4

使用LWF线性工作流需要注意以下3点。

第1点：不要随意补光。LWF线性工作流，仅需要按照真实世界的打光方式即可。如果按照以前的打光方式，增加过多的补光，画面就会发灰，明暗对比也就不明显。

第2点：在Gamma值1.0中，"材质球编辑器"中的材质球颜色会比Gamma值2.2的材质球颜色深，因此在调节材质时，以往调节材质的经验不完全适用于LWF线性工作流。

第3点：使用LWF线性工作流渲染图片时，最好使用VRay渲染器自带的帧缓存。避免因版本的问题造成渲染图片是Gamma值2.2的显示效果，而保存图片是Gamma值1.0的显示效果。如果出现使用3ds Max自带的渲染帧窗口保存图片是Gamma值1.0的显示效果，在保存图片时勾选"覆盖"选项，并设置Gamma值为2.2，这样保存出来的图片也是Gamma值2.2的显示效果，如图5-5所示。

LWF线性工作流的目的就是还原真实世界的灰阶，如果需要更强的视觉冲击，就需要使用后期处理进行调节。通过后期处理，可以将LWF线性工作流渲染的图片调整到与Gamma值1.0一样的对比度，并且拥有更多的细节。

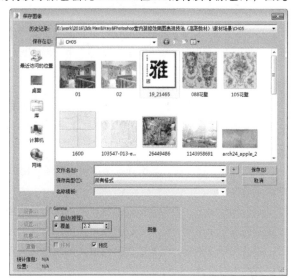

图5-5

5.2 VRay渲染设置

本节将主要讲解VRay渲染设置面板的重要参数和使用方法。

5.2.1 "公用"选项卡

按F10键打开"渲染设置"面板，如图5-6所示。"公用"选项卡"公用参数"卷展栏的参数如图5-7所示。

图5-6   图5-7

※ **重要参数讲解**

　　输出大小：设置渲染图片的尺寸。单位为像素，可以设置宽度、高度和图像纵横比。

　　保存文件：勾选该选项后，渲染的图片会自动保存在设置好的路径中。

5.2.2 V-Ray选项卡

V-Ray选项卡面板，如图5-8所示。下面重点讲解"帧缓冲区""全局开关""图像采样器（抗锯齿）""自适应图像采样器""全局确定性蒙特卡洛""环境"和"颜色贴图"7个卷展栏下的参数。

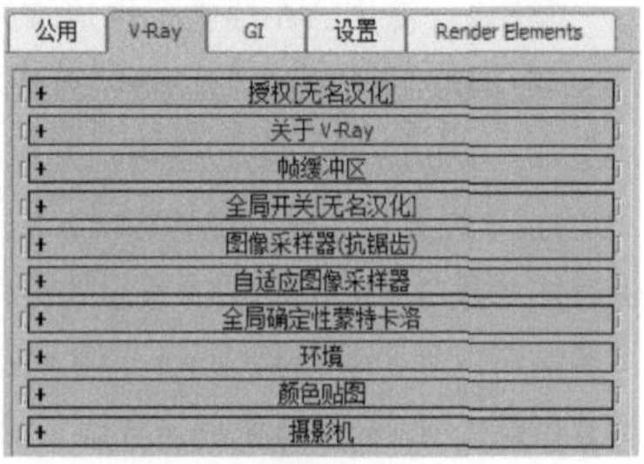

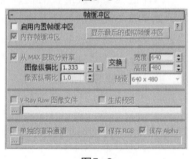

图5-8

1."帧缓冲区"卷展栏

"帧缓冲区"卷展栏下的参数可以代替3ds Max自身的帧缓存窗口。这里可以设置渲染图像的大小，以及保存渲染图像等，如图5-9所示。

※ 重要参数讲解

启用内置帧缓冲区：当选择这个选项的时候，用户就可以使用VRay自身的渲染窗口。

内存帧缓冲区：当勾选该选项时，可以将图像渲染到内存中，然后由帧缓冲窗口显示出来，这样可以方便用户观察渲染的过程；当关闭该选项时，不会出现渲染框，而直接保存到指定的硬盘文件夹中，这样的好处是可以节约内存资源。

从MAX获取分辨率：当勾选该选项时，将从"公用"选项卡的"输出大小"选项组中获取渲染尺寸；当关闭该选项时，将从VRay渲染器的"输出分辨率"选项组中获取渲染尺寸。

宽度：用于设置像素的宽度。

高度：用于设置像素的长度。

图5-9

交换 交换：用于交换"宽度"和"高度"的数值。

图像纵横比：用于设置图像的长宽比例，鼠标左键单击后面的L按钮 L 可以锁定图像的长宽比。

像素纵横比：控制渲染图像的像素长宽比。

2."全局开关"卷展栏

"全局开关"展卷栏下的参数主要用来对场景中的灯光、材质、置换等进行全局设置，比如是否使用默认灯光、是否开启阴影、是否开启模糊等，如图5-10所示。

※ 重要参数讲解

置换：控制是否开启场景中的置换效果。在VRay的置换系统中，一共有两种置换方式，分别是材质置换方式和"VRay置换模式"修改器方式，如图5-11和图5-12所示。当关闭该选项时，场景中的两种置换都不会起作用。

灯光：控制是否开启场景中的光照效果。当关闭该选项时，场景中放置的灯光将不起作用。

默认灯光：控制场景是否使用3ds Max系统中的默认光照，一般情况下都不设置它。

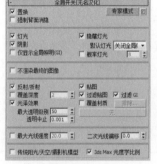

图5-10

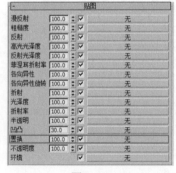

图5-11

图5-12

隐藏灯光：控制场景是否让隐藏的灯光产生光照。这个选项对于调节场景中的光照非常方便。

阴影：控制场景是否产生阴影。

仅显示全局照明（GI）：当勾选该选项时，场景渲染结果只显示全局照明的光照效果。虽然如此，渲染过程中也是计算了直接光照的。

　　不渲染最终的图像：用于控制是否渲染最终图像。如果勾选该选项，VRay将在计算完光子以后，不再渲染最终图像，这对跑小光子图非常方便。

　　反射/折射：用于控制是否开启场景中的材质的反射和折射效果。

　　覆盖深度：用于控制整个场景中的反射、折射的最大深度，后面的输入框数值表示反射、折射的次数。

　　贴图：用于控制是否让场景中的物体的程序贴图和纹理贴图渲染出来。如果关闭该选项，那么渲染出来的图像就不会显示贴图，取而代之的是漫反射通道里的颜色。

　　过滤GI：用于控制是否在全局照明中过滤贴图。

　　最大透明级别：用于控制透明材质被光线追踪的最大深度。值越高，被光线追踪的深度越深，效果越好，但渲染速度会变慢。

　　透明中止：用于控制VRay渲染器对透明材质的追踪终止值。当光线透明度的累计比当前设定的阀值低时，将停止光线透明追踪。

　　覆盖材质：是否给场景赋予一个全局材质。当在后面的通道中设置了一个材质后，那么场景中所有的物体都将使用该材质进行渲染，这在测试阳光效果及检查模型完整度时非常有用。

　　光泽效果：是否开启反射或折射模糊效果。当关闭该选项时，场景中带模糊的材质将不会渲染出反射或折射模糊效果。

　　二次光线偏移：这个选项主要用于控制有重面的物体在渲染时不会产生黑斑。如果场景中有重面，在默认值为0的情况下将会产生黑斑，一般通过设置一个比较小的值来纠正渲染错误，比如0.0001。但是如果这个值设置得比较大，比如10，那么场景中的间接照明将会变得不正常。

3. "图像采样器（抗锯齿）"卷展栏

　　抗锯齿在渲染设置中是一个必须调整的参数，其数值的大小决定了图像的渲染精度和渲染时间，但抗锯齿与全局照明精度的高低没有关系，只作用于场景物体的图像和物体的边缘精度，其参数设置面板如图5-13所示。

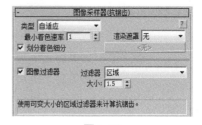

图5-13

※ 重要参数讲解

　　类型：用来设置"图像采样器"的类型，包括"固定""自适应""自适应细分"和"渐进"4种类型，如下所示。

　　固定：对每个像素使用一个固定的细分值。该采样方式适合拥有大量的模糊效果（比如运动模糊、景深模糊、反射模糊、折射模糊等）或者具有高细节纹理贴图的场景。在这种情况下，使用"固定"方式能够兼顾渲染品质和渲染时间，如图5-14所示。

　　自适应：这是最常用的一种采样器，在下面的内容中还要单独介绍，其采样方式可以根据每个像素以及与它相邻像素的明暗差异来使不同像素使用不同的样本数量。在角落部分使用较高的样本数量，在平坦部分使用较低的样本数量。该采样方式适合用于拥有少量的模糊效果或者具有高细节的纹理贴图以及具有大量几何体面的场景，如图5-15所示。

图5-14

图5-15

　　自适应细分：这个采样器具有负值采样的高级抗锯齿功能，适用于在没有或者有少量的模糊效果的场景中。在这种情况下，它的渲染速度最快，但是在具有大量细节和模糊效果的场景中，它的渲染速度会非常慢，渲染品质也不高，这是因为它需要去优化模糊和大量的细节，这样就需要对模糊和大量细节进行预计算，从而把渲染速度降低。如图5-16所示。

渐进：这是VRay 3.0之后添加的采样器，其采样过程不再是"跑格子"，而是全局性的由粗糙到精细，直到满足阀值或最大样本数为止。对于采样的样本投射单位，是每一个像素点，而不是全图，采样的结果决定了该像素是什么颜色的，所以采样越准确，相邻像素点的过渡就会越自然，各种模糊效果也会越精确，如图5-17所示。

图像过滤器：当勾选该选项以后，可以从右侧的下拉列表中选择一个抗锯齿过滤器来对场景进行抗锯齿处理；如果不勾选"开"选项，那么渲染时将使用纹理抗锯齿过滤器。抗锯齿过滤器的类型有以下16种。

区域：用区域大小来计算抗锯齿，如图5-18所示。

图5-16　　　　　　　　　　　图5-17　　　　　　　　　　　图5-18

清晰四方形：来自Neslon Max算法的清晰9像素重组过滤器，如图5-19所示。

Catmull-Rom：一种具有边缘增强的过滤器，可以产生较清晰的图像效果，如图5-20所示。

图版匹配/MAX R2：使用3ds Max R2的方法（无贴图过滤）将摄影机和场景或"无光/投影"元素与未过滤的背景图像相匹配。

四方形：和"清晰四方形"相似，能产生一定的模糊效果，如图5-21所示。

图5-19　　　　　　　　　　　图5-20　　　　　　　　　　　图5-21

立方体：基于立方体的25像素过滤器，能产生一定的模糊效果，如图5-22所示。

视频：适合制作视频动画的一种抗锯齿过滤器，如图5-23所示。

柔化：用于轻度模糊效果的一种抗锯齿过滤器，如图5-24所示。

图5-22　　　　　　　　　　　图5-23　　　　　　　　　　　图5-24

Cook变量：一种通用过滤器，较小的数值可以得到清晰的图像效果，如图5-25所示。

混合：一种用混合值来确定图像清晰或模糊的抗锯齿过滤器，如图5-26所示。

Blackman：一种没有边缘增强效果的抗锯齿过滤器，如图5-27所示。

图5-25 图5-26 图5-27

Mitchell-Netravali：一种常用的过滤器，能产生微量模糊的图像效果，如图5-28所示。

VRayLanczosFilter/VRaySincFilter：这两个过滤器可以很好地平衡渲染速度和渲染质量，如图5-29所示。

VRayBoxFilter（盒子过滤器）/VRayTriangleFilter（三角形过滤器）：这两个过滤器以"盒子"和"三角形"的方式进行抗锯齿，如图5-30所示。

图5-28 图5-29 图5-30

大小：设置过滤器的大小。

4."自适应图像采样器"卷展栏

"自适应图像采样器"是一种高级抗锯齿采样器，适用于拥有少量的模糊效果或者具有高细节的纹理贴图以及具有大量几何体面的场景。只有当"图像采样器"类型设置为"自适应"时才会出现该卷展栏。展开"图像采样器（抗锯齿）"卷展栏，然后在"类型"下拉列表中选择"自适应"，此时系统会增加一个"自适应图像采样器"卷展栏，如图5-31所示。

※ 重要参数讲解

最小细分：定义每个像素使用样本的最小数量。

最大细分：定义每个像素使用样本的最大数量。

图5-31

颜色阈值：色彩的最小判断值，当色彩的判断达到这个值以后，就停止对色彩的判断。具体一点就是分辨哪些是平坦区域，哪些是角落区域。这里的色彩应该理解为色彩的灰度。

使用确定性蒙特卡洛采样器阈值：如果勾选了该选项，"颜色阈值"选项将不起作用，取而代之的是采用DMC（自适应）图像采样器中的阈值。

Tips 增大场景中的"最大细分"值可以使渲染图片更清晰，但渲染速度也会相应减慢。

5. "全局确定性蒙特卡洛"卷展栏

"全局确定性蒙特卡洛"卷展栏下的参数可以用来控制整体的渲染质量和速度，其参数设置面板如图5-32所示。

※ 重要参数讲解

自适应数量：主要用来控制适应的百分比，数值越小，画面越清晰，渲染速度就越慢，如图5-33和图5-34所示。

图5-32 图5-33 图5-34

噪波阈值：控制渲染中所有产生噪点的极限值，包括灯光细分、抗锯齿等。数值越小，渲染品质越高，渲染速度就越慢，如图5-35和图5-36所示。

独立时间：控制是否在渲染动画时对每一帧都使用相同的"自适应采样器"参数设置。

最小采样：设置样本及样本插补中使用的最少样本数量。数值越小，渲染品质越低，速度就越快，如图5-37和图5-38所示。

图5-35

图5-36 图5-37 图5-38

全局细分倍增：VRay渲染器有很多"细分"选项，该选项是用来控制所有细分的百分比。

6. "环境"卷展栏

"环境"卷展栏分为"全局照明（GI）环境""反射/折射环境"和"折射环境"3个选项组，如图5-39所示。在该卷展栏下可以设置天光的亮度、反射、折射和颜色等。

※ 重要参数讲解

"全局照明（GI）环境"选项组

开：控制是否开启VRay的天光。当使用这个选项以后，3ds Max默认的天光效果将不起光照作用。

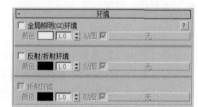

图5-39

颜色：设置天光的颜色。

倍增：设置天光亮度的倍增。数值越高，天光的亮度越高。

无 无 ：选择贴图来作为天光的光照。

"反射/折射环境"选项组

开：当勾选该选项后，当前场景中的反射环境将由它来控制。

颜色：设置反射环境的颜色。

倍增：设置反射环境亮度的倍增。数值越高，反射环境的亮度越高。

无 无 ：选择贴图来作为反射环境。

"折射环境"选项组

开：当勾选该选项后，当前场景中的折射环境由它来控制。

颜色：设置折射环境的颜色。

倍增：设置折射环境亮度的倍增。数值越高，折射环境的亮度越高。

无 **无**：选择贴图来作为折射环境。

7. "颜色贴图"卷展栏

颜色贴图"卷展栏下的参数主要用来控制整个场景的颜色和曝光方式，如图5-40所示。

类型：提供不同的曝光模式，包括"线性倍增""指数""HSV指数""强度指数""伽玛校正""强度伽玛"和"莱因哈德"7种模式，如图5-41所示。

图5-40　　　　图5-41

线性倍增：这种模式将基于最终色彩亮度来进行线性的倍增，可能会导致靠近光源的点过分明亮，如图5-42所示。"线性倍增"模式包括3个局部参数，"暗色倍增"是对暗部的亮度进行控制，加大该值可以提高暗部的亮度；"明亮倍增"是对亮部的亮度进行控制，加大该值可以提高亮部的亮度；"伽玛"主要用来控制图像的伽玛值。

指数：这种曝光是采用指数模式，它可以降低靠近光源处表面的曝光效果，同时场景颜色的饱和度会降低，如图5-43所示。"指数"模式的局部参数与"线性倍增"一样。

HSV指数：与"指数"曝光比较相似，不同点在于可以保持场景物体的颜色饱和度，但是这种方式会取消高光的计算，如图5-44所示。"HSV指数"模式的局部参数与"线性倍增"一样。

图5-42　　　　　　　　　　图5-43　　　　　　　　　　图5-44

强度指数：这种方式是对上面两种指数曝光的结合，既抑制了光源附近的曝光效果，又保持了场景物体的颜色饱和度，如图5-45所示。"强度指数"模式的局部参数与"线性倍增"相同。

伽玛校正：采用伽玛来修正场景中的灯光衰减和贴图色彩，其效果和"线性倍增"曝光模式类似，如图5-46所示。"伽玛校正"模式包括"倍增""反向伽玛"和"伽玛值"3个局部参数，"倍增"主要用来控制图像的整体亮度倍增；"反向伽玛"是VRay内部转化的，比如输入2.2就是和显示器的伽玛2.2相同；"伽玛值"主要用来控制图像的整体亮度。

强度伽玛：这种曝光模式不仅拥有"伽玛校正"的优点，同时还可以修正场景灯光的亮度，如图5-47所示。

图5-45　　　　　　　　　　图5-46　　　　　　　　　　图5-47

菜因哈德： 这种曝光方式可以把"线性倍增"和"指数"曝光混合起来。它包括一个"加深值"局部参数，主要用来控制"线性倍增"和"指数"曝光的混合值，0表示"线性倍增"不参与混合，如图5-48所示；1表示"指数"不参加混合，如图5-49所示；0.5表示"线性倍增"和"指数"曝光效果各占一半，如图5-50所示。

图5-48　　　　　　　　　　图5-49　　　　　　　　　　图5-50

　　子像素贴图： 在实际渲染时，物体的高光区与非高光区的界限处会有明显的黑边，而开启"子像素映射"选项后就可以缓解这种现象。

　　钳制输出： 当勾选这个选项后，在渲染图中有些无法表现出来的色彩会通过限制来自动纠正。但是当使用HDRI（高动态范围贴图）的时候，如果限制了色彩的输出会出现一些问题。

　　影响背景： 控制是否让曝光模式影响背景。当关闭该选项时，背景不受曝光模式的影响。

　　颜色贴图和伽玛： 在使用HDRI（高动态范围贴图）和"VRay发光材质"时，若不开启该选项，"颜色贴图"卷展栏下的参数将对这些具有发光功能的材质或贴图产生影响。

　　线性工作流： 当使用线性工作流时，可以勾选该选项。

5.2.3 GI选项卡

　　GI选项卡包含4个卷展栏，如图5-51所示。下面重点讲解"全局照明""发光图""灯光缓存"和"焦散"卷展栏下的参数。

图5-51

1."全局照明"卷展栏

　　在VRay渲染器中，如果没有开启全局照明时的效果就是直接照明效果，开启后就可以得到全局照明效果。开启全局照明后，光线会在物体与物体间互相反弹，因此光线计算会更加准确，图像也更加真实，其参数设置面板如图5-52所示。

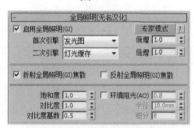

※　重要参数讲解

　　启用全局照明（GI）： 勾选该选项后，将开启全局照明效果，如图5-53所示为未开启全局照明效果，图5-54所示为开启全局照明效果。

　　饱和度： 可以用来控制色溢，降低该数值可以降低色溢效果。

　　对比度： 控制色彩的对比度。数值越高，色彩对比越强；数值越低，色彩对比越弱。

图5-52

图5-53　　　　　　　　　　图5-54

对比度基数：控制"饱和度"和"对比度"的基数，数值越高，"饱和度"和"对比度"效果越明显。

环境阻光：控制是否开启"环境阻光"功能。

半径：设置环境阻光的半径。

细分：设置环境阻光的细分值。数值越高，阻光越好，反之越差。

首次引擎：包括"发光图""光子图""BF算法"和"灯光缓存"4种。

倍增：控制"首次引擎"的光的倍增值。值越高，"首次反弹"的光的能量越强，渲染场景越亮，默认情况下为1。

二次引擎：包括"无"（表示不使用引擎）"光子图""BF算法"和"灯光缓存"4种。

倍增：控制光的倍增值。值越高，光的能量越强，渲染场景越亮，最大值为1，默认情况下也为1。

> **Tips** 在真实世界中，光线的反弹一次比一次减弱。VRay渲染器中的全局照明有"首次引擎"和"二次引擎"，但并不是说光线只反射两次，"首次引擎"可以理解为直接照明的反弹，光线照射到A物体后反射到B物体，B物体所接收到的光就是"首次反弹"，B物体再将光线反射到D物体，D物体再将光线反射到E物体……，D物体以后的物体所得到的光的反射就是"二次反弹"，如图5-55所示。

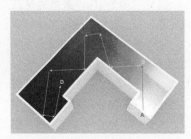

图5-55

2."发光图"卷展栏

"发光图"中的"发光"描述了三维空间中的任意一点以及全部可能照射到这一点的光线，它是一种常用的全局光引擎，只存在于"首次引擎"中，其参数设置面板如图5-56所示。

※ 重要参数讲解

当前预设：设置发光图的预设类型，共有以下8种。

自定义：选择该模式时，可以手动调节参数。

非常低：这是一种非常低的精度模式，主要用于测试阶段。

低：一种比较低的精度模式，不适合用于保存光子贴图。

中：是一种中级品质的预设模式。

中-动画：用于渲染动画效果，可以解决动画闪烁的问题。

高：一种高精度模式，一般用在光子贴图中。

高-动画：比中等品质效果更好的一种动画渲染预设模式。

非常高：是预设模式中精度最高的一种，可以用来渲染高品质的效果图。

最小速率：控制场景中平坦区域的采样数量。0表示计算区域的每个点都有样本；-1表示计算区域的1/2是样本；-2表示计算区域的1/4是样本，如图5-57和图5-58所示是"最小速率"分别为-2和-5时的对比效果。

图5-56

图5-57

图5-58

最大速率：用于控制场景中的物体边线、角落、阴影等细节的采样数量。0表示计算区域的每个点都有样本；−1表示计算区域的1/2是样本；−2表示计算区域的1/4是样本，如图5−59和图5−60所示是"最大比率"分别为0和−1时的效果对比。

图5−59　　　　　　　　　　　　图5−60

细分：因为VRay采用的是几何光学，所以它可以模拟光线的条数。这个参数就是用来模拟光线的数量，值越高，表现的光线越多，那么样本精度也就越高，渲染的品质也越好，同时渲染时间也会增加，如图5−61和图5−62所示是"细分"分别为20和50时的效果对比。

图5−61　　　　　　　　　　　　图5−62

插值采样：这个参数是对样本进行模糊处理，较大的值可以得到比较模糊的效果，较小的值可以得到比较锐利的效果，如图5−63和图5−64所示为"插值采样"分别为2和20时的效果对比。

图5−63　　　　　　　　　　　　图5−64

插值帧数：该选项当前不可用。

颜色阈值：这个值主要是让渲染器分辨哪些是平坦区域，哪些不是平坦区域，它是按照颜色的灰度来区分的。数值越小，对灰度的敏感度越高，区分能力越强。

法线阈值：这个值主要是让渲染器分辨哪些是交叉区域，哪些不是交叉区域，它是按照法线的方向来区分的。数值越小，对法线方向的敏感度越高，区分能力越强。

距离阈值：这个值主要是让渲染器分辨哪些是弯曲表面区域，哪些不是弯曲表面区域，它是按照表面距离和表面弧度的比较来区分的。数值越高，表示弯曲表面的样本越多，区分能力越强。

显示计算相位：勾选这个选项后，用户可以看到渲染帧里的GI预计算过程，同时会占用一定的内存资源。

显示直接光：在预计算的时候显示直接照明，以方便用户观察直接光照的位置。

使用摄影机路径：该参数主要用于渲染动画，勾选后会改变光子采样自摄影机射出的方式，它会自动调整为从整个摄影机的路径发射光子，因此每一帧发射的光子与动画帧更为匹配，可以解决动画闪烁等问题。

显示采样：显示采样的分布以及分布的密度，帮助用户分析GI的精度够不够。

细节增强：是否开启"细部增强"功能。

比例：细分半径的单位依据，有"屏幕"和"世界"两个单位选项。"屏幕"是指用渲染图的最后尺寸来作为单位；"世界"是用3ds Max系统中的单位来定义的。

半径：表示细节部分有多大区域使用"细节增强"功能。"半径"值越大，使用"细部增强"功能的区域也就越大，同时渲染时间也越长。

细分倍增：控制细部的细分，但是这个值和"发光图"里的"细分"有关系，0.3代表细分是"细分"的30%；1代表和"细分"的数值一样。数值越低，细部就会产生杂点，渲染速度比较快；数值越高，细部就可以避免产生杂点，同时渲染速度会变慢。

插值类型：VRay提供了4种样本插补方式，为"发光图"的样本的相似点进行插补。

权重平均值（好/强）：一种简单的插补方法，可以将插补采样以一种平均值的方法进行计算，能得到较好的光滑效果。

最小平方拟合（好/平滑）：默认的插补类型，可以对样本进行最适合的插补采样，能得到比"权重平均值（好/强）"更光滑的效果。

Delone三角剖分（好/精确）：最精确的插补算法，可以得到非常精确的效果，但是要有更多的"细分"才不会出现斑驳效果，且渲染时间较长。

最小平方权重/泰森多边形权重（测试）：结合了"权重平均值（好/强）"和"最小平方拟合（好/平滑）"两种类型的优点，但是渲染时间较长。

查找采样：它主要控制哪些位置的采样点是适合用来作为基础插补的采样点。VRay内部提供了以下4种样本查找方式。

平衡嵌块（好）：它将插补点的空间划分为4个区域，然后尽量在它们中寻找相等数量的样本，它的渲染效果比"最近（草图）"效果好，但是渲染速度比"最近（草图）"慢。

最近（草图）：这种方式是一种草图方式，它简单地使用"发光图"里的最靠近的插补点样本来渲染图形，渲染速度比较快。

重叠（很好/快速）：这种查找方式需要对"发光图"进行预处理，然后对每个样本半径进行计算。低密度区域样本半径比较大，而高密度区域样本半径比较小。渲染速度比其他3种都快。

基于密度（最好）：它基于总体密度来进行样本查找，不但物体边缘处理非常好，而且在物体表面也处理得十分均匀。它的效果比"重叠（很好/快速）"更好，其速度也是4种查找方式中最慢的一种。

多过程：当勾选该选项时，VRay会根据"最大采样比"和"最小采样比"进行多次计算。如果关闭该选项，那么就强制一次性计算完。一般根据多次计算以后的样本分布会均匀合理一些。

随机采样：控制"发光图"的样本是否随机分配。如果勾选该选项，那么样本将随机分配；如果关闭该选项，那么样本将以网格方式进行排列。

检查采样可见性：在灯光通过比较薄的物体时，很有可能会产生漏光现象，勾选该选项可以解决这个问题，但是渲染时间就会长一些。通常在比较高的GI情况下，也不会漏光，所以一般情况下不勾选该选项。

模式：一共有以下8种模式。

单帧：一般用来渲染静帧图像。

多帧增量：这个模式用于渲染仅有摄影机移动的动画。当VRay计算完第1帧的光子以后，在后面的帧里根据第1帧里没有的光子信息进行新计算，这样就节约了渲染时间。

从文件：当渲染完光子以后，可以将其保存起来，这个选项就是调用保存的光子图进行动画计算（静帧同样也可以这样）。

添加到当前贴图：当渲染完一个角度的时候，可以把摄影机转一个角度再全新计算新角度的光子，最后把这两次的光子叠加起来，这样的光子信息更丰富、更准确，同时也可以进行多次叠加。

增量添加到当前贴图：这个模式和"添加到当前贴图"相似，只不过它不是全新计算新角度的光子，而是只对没有计算过的区域进行新的计算。

块模式：把整个图分成块来计算，渲染完一个块再进行下一个块的计算，但是在低GI的情况下，渲染出来的块会出现错位的情况。它主要用于网络渲染，渲染速度比其他渲染方式快。

动画（预通过）：适合动画预览，使用这种模式要预先保存好光子贴图。

动画（渲染）：适合最终动画渲染，使用这种模式要预先保存好光子贴图。

保存 ...：将光子图保存到硬盘中。

重置 重置：将光子图从内存中清除。

文件：设置光子图所保存的路径。

浏览 ...：从硬盘中调用需要的光子图进行渲染。

不删除：当光子渲染完以后，不把光子从内存中删掉。

自动保存：当光子渲染完以后，自动保存在硬盘中，单击"浏览"按钮 ...就可以选择保存位置。

切换到保存的贴图：当勾选了"自动保存"选项后，在渲染结束时会自动进入"从文件"模式并调用光子贴图。

3."灯光缓存"卷展栏

"灯光缓存"与"发光图"比较相似，都是将最后的光发散到摄影机后得到最终图像，只是"灯光缓存"与"发光图"的光线路径是相反的，"发光图"的光线追踪方向是从光源发射到场景的模型中，最后再反弹到摄影机，而"灯光缓存"是从摄影机开始追踪光线到光源，摄影机追踪光线的数量就是"灯光缓存"的最后精度。由于"灯光缓存"是从摄影机方向开始追踪光线的，所以最后的渲染时间与渲染的图像的像素没有关系，只与其中的参数有关，一般适用于"二次引擎"，其参数设置面板如图5-65所示。

图5-65

※　重要参数讲解

细分：用来决定"灯光缓存"的样本数量。数值越高，样本总量越多，渲染效果越好，渲染时间越长，如图5-66和图5-67所示分别是"细分"值为200和800时的渲染效果对比。

采样大小：用来控制"灯光缓存"的样本大小，比较小的样本可以得到更多的细节，但是同时需要更多的样本，如图5-68和图5-69所示是"采样大小"分别为0.04和0.01时的渲染效果对比。

图5-66

图5-67

图5-68

图5-69

比例：主要用来确定样本的大小依靠什么单位，这里提供了"屏幕"和"世界"两个选项。一般在效果图中使用"屏幕"选项，在动画中使用"世界"选项。

存储直接光：勾选该选项以后，"灯光缓存"将保存直接光照信息。当场景中有很多灯光时，使用这个选项会提高渲染速度。因为它已经把直接光照信息保存到"灯光缓存"里，在渲染出图的时候，不需要对直接光照再进行采样计算。

显示计算相位：勾选该选项以后，可以显示"灯光缓存"的计算过程，方便观察。

使用摄影机路径：该参数主要用于渲染动画，用于解决动画渲染中的闪烁问题。

自适应跟踪：这个选项的作用在于记录场景中的灯光位置，并在光的位置上采用更多的样本，同时模糊特效也会处理得更快，但是会占用更多的内存资源。

仅使用方向：当勾选"自适应跟踪"选项以后，该选项才被激活。它的作用在于只记录直接光照的信息，而不考虑间接照明，可以加快渲染速度。

预滤器：当勾选该选项以后，可以对"灯光缓存"样本进行提前过滤，它主要是查找样本边界，然后对其进行模糊处理。后面的数值越高，对样本进行模糊处理的程度越深。

使用光泽光线：是否使用平滑的灯光缓存，开启该功能后会使渲染效果更加平滑，但会影响到细节效果。

过滤器：该选项是在渲染最后成图时，对样本进行过滤，其下拉列表中共有以下3个选项。

无：对样本不进行过滤。

最近：当使用这个过滤方式时，过滤器会对样本的边界进行查找，然后对色彩进行均化处理，从而得到一个模糊效果。当选择该选项以后，下面会出现一个"插补采样"参数，其值越高，模糊程度越深。

固定：这个方式和"邻近"方式的不同点在于，它采用距离的判断来对样本进行模糊处理。同时它也附带一个"过滤大小"参数，其值越大，表示模糊的半径越大，图像的模糊程度越深。

折回：勾选该选项以后，会提高对场景中反射和折射模糊效果的渲染速度。

插值采样：通过后面参数控制插值精度，数值越高采样越精细，耗时也越长。

模式：设置光子图的使用模式，共有以下4种。

单帧：一般用来渲染静帧图像。

穿行：这个模式用在动画方面，它把第1帧到最后1帧的所有样本都融合在一起。

从文件：使用这种模式，VRay要导入一个预先渲染好的光子贴图，该功能只渲染光影追踪。

渐进路径跟踪：这个模式就是常说的PPT，它是一种新的计算方式，和"自适应DMC"一样是一个精确的计算方式。不同的是，它不停地去计算样本，不对任何样本进行优化，直到样本计算完毕为止。

保存![]：将保存在内存中的光子贴图再次进行保存。

浏览![]：从硬盘中浏览保存好的光子图。

不删除：当光子渲染完以后，不把光子从内存中删掉。

自动保存：当光子渲染完以后，自动保存在硬盘中，单击"浏览"按钮![]可以选择保存位置。

切换到被保存的缓存：当勾选"自动保存"选项以后，这个选项才被激活。当勾选该选项以后，系统会自动使用最新渲染的光子图来进行大图渲染。

4．"焦散"卷展栏

"焦散"是一种特殊的物理现象，在VRay渲染器里有专门的焦散效果调整功能面板，其参数面板如图5-70所示。

※ 重要参数讲解

焦散：勾选该选项后，就可以渲染焦散效果。

倍增：焦散的亮度倍增。数值越高，焦散效果越亮。

搜索距离：当光子追踪撞击在物体表面的时候，会自动搜寻位于周围区域同一平面的其他光子，实际上这个搜寻区域是一个以撞击光子为中心的圆形区域，其半径就是由这个搜寻距离确定的。较小的值容易产生斑点；较大的值会产生模糊焦散效果。

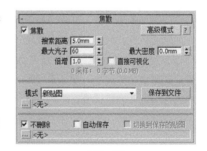

图5-70

最大光子：定义单位区域内的最大光子数量，然后根据单位区域内的光子数量来均分照明。较小的值不容易得到焦散效果；而较大的值会使焦散效果产生模糊现象。

最大密度：控制光子的最大密度，默认值0表示使用VRay内部确定的密度，较小的值会让焦散效果比较锐利。

5.2.4 "设置"选项卡

"设置"选项卡下包含2个卷展栏,分别是"默认置换"和"系统"卷展栏,如图5-71所示。

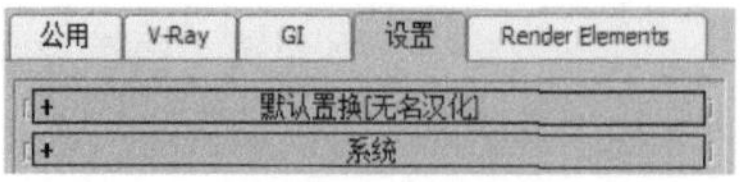

图5-71

1. "默认置换"卷展栏

"默认置换"卷展栏下的参数是用灰度贴图来实现物体表面的凸凹效果,它对材质中的置换起作用,而不作用于物体表面,其参数设置面板如图5-72所示。

图5-72

※ **重要参数讲解**

覆盖MAX设置:控制是否用"默认置换"卷展栏下的参数来替代3ds Max中的置换参数。

边长:设置3D置换中产生最小的三角面长度。数值越小,精度越高,渲染速度越慢。

依赖于视图:控制是否将渲染图像中的像素长度设置为"边长"的单位。若不开启该选项,系统将以3ds Max中的单位为准。

最大细分:设置物体表面置换后可产生的最大细分值。

数量:设置置换的强度总量。数值越大,置换效果越明显。

相对于边界框:控制是否在置换时关联(缝合)边界。若不开启该选项,在物体的转角处可能会产生裂面现象。

紧密边界:控制是否对置换进行预先计算。

2. "系统"卷展栏

"系统"卷展栏下的参数不仅对渲染速度有影响,而且还会影响渲染的显示和提示功能,同时还可以完成联机渲染,其参数设置面板如图5-73所示。

※ **重要参数讲解**

最大树向深度:控制根节点的最大分支数量。较高的值会加快渲染速度,同时会占用较多的内存。

最小叶片尺寸:控制叶节点的最小尺寸,当达到叶节点尺寸以后,系统停止计算场景。0表示考虑计算所有的叶节点,这个参数对速度的影响不大。

面/级别系数:控制一个节点中的最大三角面数量,当未超过临近点时计算速度较快;当超过临近点以后,渲染速度会减慢。所以,这个值要根据不同的场景来设定,进而提高渲染速度。

动态内存限制(MB):控制动态内存的总量。注意,这里的动态内存被分配给每个线程,如果是双线程,那么每个线程各占一半的动态内存。如果这个值较小,那么系统经常在内存中加载并释放一些信息,这样就减慢了渲染速度。用户应该根据自己的内存情况来确定该值。

图5-73

默认几何体:控制内存的使用方式,共有以下3种方式。

自动:VRay会根据使用内存的情况自动调整使用静态或动态的方式。

静态:在渲染过程中采用静态内存会加快渲染速度,同时在复杂场景中,由于需要的内存资源较多,经常会出现3ds Max跳出的情况。这是因为系统需要更多的内存资源,这时应该选择动态内存。

动态:使用内存资源交换技术,当渲染完一个块后就会释放占用的内存资源,同时开始下个块的计算。这样就有效地扩展了内存的使用。注意,动态内存的渲染速度比静态内存慢。

渲染块宽度:该选项控制渲染块的像素宽度。

渲染块高度:该选项控制渲染块的像素高度。

L ![L]：当单击该按钮使其凹陷后，将强制宽度和高度的值相同。

序列：控制渲染块的渲染顺序，共有以下6种方式。

上->下：渲染块将按照从上到下的渲染顺序进行渲染。

左->右：渲染块将按照从左到右的渲染顺序进行渲染。

棋盘格：渲染块将按照棋盘格方式的渲染顺序进行渲染。

螺旋：渲染块将按照从里到外的渲染顺序进行渲染。

三角剖分：这是VRay默认的渲染方式，它将图形分为两个三角形依次进行渲染。

稀耳伯特：渲染块将按照"希耳伯特曲线"方式的渲染顺序进行渲染。

上次渲染：这个参数确定在渲染开始的时候，在3ds Max默认的帧缓存框中以什么样的方式处理先前的渲染图像。这些参数的设置不会影响最终渲染效果，系统提供了以下6种方式。

无变化：与前一次渲染的图像保持一致。

交叉：每隔 2 个像素图像被设置为黑色。

场：每隔一条线图像被设置为黑色。

变暗：图像的颜色被设置为黑色。

蓝色：图像的颜色被设置为蓝色。

清除：清除上一次渲染的图像。

帧标记：当勾选该选项后，就可以显示水印。

字体 字体... ：修改水印里的字体属性。

全宽度：水印的最大宽度。当勾选该选项后，它的宽度和渲染图像的宽度相当。

对齐：控制水印里的字体排列位置，有"左""中""右"3个选项。

分布式渲染：当勾选该选项后，可以开启"分布式渲染"功能。

设置 设置... ：控制网络中的计算机的添加、删除等。

显示消息日志窗口：勾选该选项后，可以显示"VRay日志"的窗口。

详细级别：控制"VRay日志"的显示内容，一共分为4个级别。1表示仅显示错误信息；2表示显示错误和警告信息；3表示显示错误、警告和情报信息；4表示显示错误、警告、情报和调试信息。

保存 %TEMP%\VRayLog.txt ：可以选择保存"VRay日志"文件的位置。

低线程优先权：当勾选该选项时，VRay将使用低线程进行渲染。

检查缺少文件：当勾选该选项时，VRay会自己寻找场景中丢失的文件，并将它们进行列表，然后保存到C:\VRayLog.txt中。

优化大气求值：当场景中拥有大气效果，并且大气比较稀薄的时候，勾选这个选项可以得到比较优秀的大气效果。

摄影机空间着色关联：有些3ds Max插件（例如大气等）是采用摄影机空间来进行计算的，因为它们都是针对默认的扫描线渲染器而开发。为了保持与这些插件的兼容性，VRay通过转换来自这些插件的点或向量的数据，模拟在摄影机空间计算。

对象设置 对象设置... ：单击该按钮会弹出"VRay对象属性"对话框，在该对话框中可以设置场景物体的局部参数。

灯光设置 灯光设置... ：单击该按钮会弹出"VRay灯光属性"对话框，在该对话框中可以设置场景灯光的一些参数。

预设 预设... ：单击该按钮会打开"VRay预设"对话框，在该对话框中可以保持当前VRay渲染参数的各种属性，方便以后调用。

5.2.5 "渲染元素"选项卡

"渲染元素"选项卡用来渲染后期辅助通道图片，只包含一个"渲染元素"卷展栏，如图5-74所示。

※ 重要参数讲解

添加：单击该按钮，可以添加构成画面元素单独渲染的图片通道，如图5-75所示。

VRayWireColor：渲染材质的彩色通道，用于后期材质的色彩、亮度等处理。

VRayZDepth：渲染Z深度通道，用于后期雾效、景深等的处理。

启用：勾选后渲染选择的通道。

名称：通道的名称。

路径 ...：设置该渲染通道的保存路径。

图5-74

图5-75

5.3 VRay渲染参数

对于复杂的渲染参数，每个人都有一套自己的组合。下面通过两个实例，列举一套测试渲染的参数和一套成图渲染的参数。再通过一个实例，讲解渲染保存光子图的方法。

实例：测试渲染参数

- » 场景位置　场景文件>CH05>01.max
- » 实例位置　实例文件>CH05>测试渲染参数.max
- » 学习目标　学习测试渲染参数的设置方法

场景测试渲染的效果如图5-76所示。

扫码观看视频！

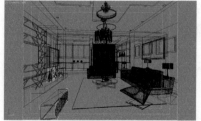

图5-76

01 打开本书学习资源"场景文件>CH05 >01.max"文件，如图5-77所示。场景已经建立好了摄影机、灯光和材质。

02 按F10键打开"渲染设置"面板，然后在"公用"选项卡中设置"输出大小"的"宽度"为600，如图5-78所示。

Tips 锁定了"图像纵横比"后，只需修改"宽度"数值，"高度"数值会自动改变。

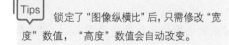

图5-77

图5-78

03 切换到V-Ray选项卡，展开"图像采样器（抗锯齿）"卷展栏，然后设置图像采样器的"类型"为"固定"，接着设置"过滤器"为"区域"，如图5-79所示。

04 展开"全局确定性蒙特卡洛"卷展栏，设置"自适应数量"为0.85、"噪波阈值"为0.01、"最小采样"为8，如图5-80所示。

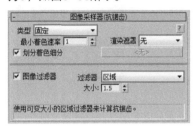

图5-79

05 展开"颜色贴图"卷展栏，设置"类型"为"指数"，如图5-81所示。

图5-80

图5-81

06 切换到GI选项卡，然后勾选"启用全局照明（GI）"选项，接着设置"首次引擎"为"发光图"、"二次引擎"为"灯光缓存"，如图5-82所示。

07 展开"发光图"卷展栏，然后设置"当前预设"为"非常低"，接着设置"细分"为50、"插值采样"为20，如图5-83所示。

08 展开"灯光缓存"卷展栏，然后设置"细分"为200，如图5-84所示。

图5-82

图5-83

图5-84

09 切换到"设置"卷栅栏，然后设置"序列"为"上 ->下"，如图5-85所示。

10 按F9键渲染当前场景，效果如图5-86所示。

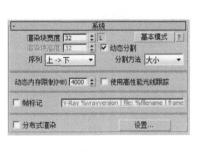

图5-85

图5-86

Tips

　　"动态内存限制（MB）"数值默认为400,这个值会根据渲染计算机内存大小而改变，可以最大化地利用计算机内存，提高渲染速度。一般设置数值为内存大小的一半，不要超过内存，以免引起软件异常退出。

实例：成图渲染参数

» 场景位置　场景文件>CH05>01.max
» 实例位置　实例文件>CH05>成图渲染参数.max
» 学习目标　学习成图渲染参数的设置方法

场景最终渲染效果如图5-87所示。

扫码观看视频！

图5-87

01 打开本书学习资源"场景文件>CH05>01.max"文件，如图5-88所示。

02 切换到"公用"选项卡，然后在"输出大小"选项组中设置"宽度"为2000，接着在"渲染输出"选项组中单击"文件"按钮，接着在弹出的对话框中设置成图保存的路径和格式，如图5-89所示。

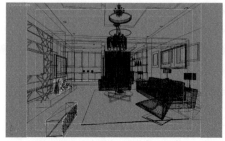

图5-88

图5-89

03 切换到V-Ray选项卡，然后展开"图像采样器（抗锯齿）"卷展栏，接着设置图像采样器"类型"为"自适应"，最后设置"过滤器"为Mitchell-Netravali，如图5-90所示。

04 展开"全局确定性蒙特卡洛"卷展栏，然后设置"自适应数量"为0.8、"噪波阈值"为0.005、"最小采样"为16，如图5-91所示。

05 切换到GI选项卡，然后展开"发光图"卷展栏，接着设置"当前预设"为"中"，最后设置"细分"为60、"插值采样"为30，如图5-92所示。

图5-90

07 按F9键渲染当前场景，最终效果如图5-94所示。

图5-91

图5-92

06 展开"灯光缓存"卷展栏，然后设置"细分"为1000，如图5-93所示。

图5-93

图5-94

实例：渲染并保存光子图

» 场景位置　场景文件>CH05>02.max
» 实例位置　实例文件>CH05>渲染并保存光子图.max
» 学习目标　学习渲染并保存光子图的方法

扫码观看视频！

通过上一个实例场景的渲染，可以感受到大尺寸成图渲染需要耗费很长的时间。在日常效果图制作中，渲染并保存光子图后再渲染成图，是一个既可以提高渲染速度，又可以保证渲染质量的方法。渲染最终效果如图5-95所示。

图5-95

01 打开本书学习资源"场景文件>CH05>02.max"文件，如图5-96所示。

> Tips　光子图的尺寸需要根据成图的尺寸决定，理论上光子图的尺寸最小为成图的1/10，但为了保证成图的质量，光子图最小设置在成图的1/4左右为宜。

图5-96

02 按F10键打开"渲染设置"面板，然后在"公用"选项卡中设置"宽度"为600、"高度"为450，如图5-97所示。

图5-97

03 切换到V-Ray选项卡，展开"全局开关"卷展栏，然后勾选"不渲染最终的图像"选项，如图5-98所示。

04 展开"图像采样器（抗锯齿）"卷展栏，接着设置图像采样器"类型"为"自适应"，最后设置"过滤器"为Mitchell-Netravali，如图5-99所示。

05 展开"全局确定性蒙特卡洛"卷展栏，然后设置"自适应数量"为0.8、"噪波阈值"为0.005、"最小采样"为16，如图5-100所示。

06 切换到GI选项卡，然后在"发光图"卷展栏中设置"当前预设"为"中"，接着切换为"高级模式"，再在"模式"中选择"单帧"，最后勾选"自动保存"选项，并单击下方保存...按钮，设置光子图的保存路径，如图5-101所示。

图5-98

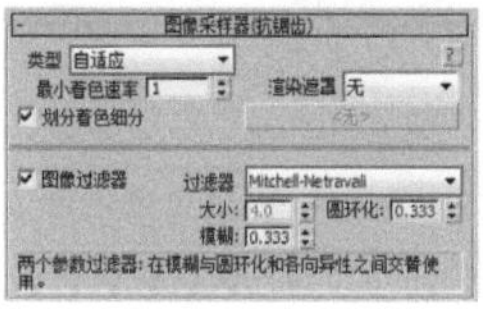

图5-99

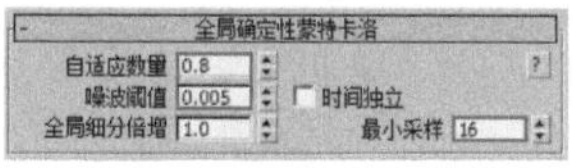

图5-100

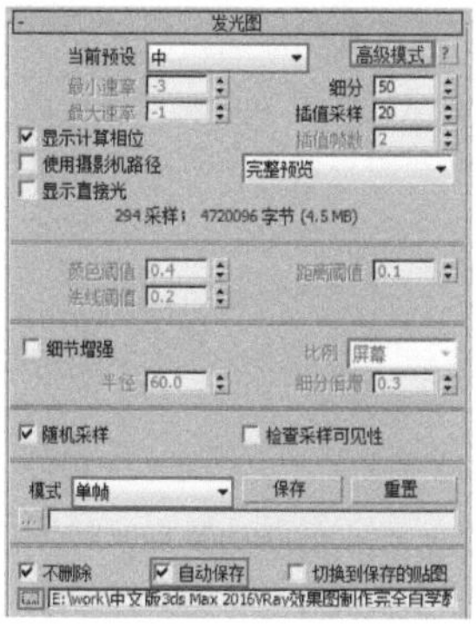

图5-101

07 在"灯光缓存"卷展栏中设置"细分"为1000，然后切换为"高级模式"，接着在"模式"中选择"单帧"，再勾选"自动保存"选项，最后单击下方...按钮，设置灯光缓存的保存路径，如图5-102所示。

08 按F9键渲染当前场景，渲染完成后，系统会自动保存光子图文件和灯光缓存文件，如图5-103所示。

09 下面渲染成图。在"公用"选项卡中设置"宽度"为2000、"高度"为1500，如图5-104所示。

图5-102

图5-103

图5-104

⑩ 在V-Ray选项卡中，展开"全局开关"卷展栏，然后取消勾选"不渲染最终的图像"选项，如图5-105所示。

⑪ 在GI选项卡中，展开"发光图"卷展栏，可以观察到此时"模式"已经自动切换为"从文件"，并且下方有光子图文件的路径，如图5-106所示。

⑫ 展开"灯光缓存"卷展栏，同光子图一样，灯光缓存文件也自动加载，如图5-107所示。最后按F9键，就可以进行成图渲染。

⑬ 按F9键渲染场景，成图效果如图5-108所示。

图5-105

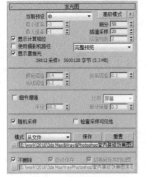

图5-106

图5-107

图5-108

疑难问答

❓ 如何消除渲染成图时出现的噪点？

✍ 渲染成图时可能出现黑色或白色的噪点，这两种噪点形成的原因不尽相同。黑色噪点多是因"图像采样器（抗锯齿）"参数偏低时阴影产生的噪点，提高"图像采样器（抗锯齿）"的参数，或是增加相关光源的细分值都可以解决这个问题。白色噪点产生的原因要多一些，比如使用了凹凸值较大的材质，这就需要增加材质贴图的模糊；比如渲染引擎的参数值较低；还有可能是"图像采样器（抗锯齿）"的参数较低。

❓ 渲染完成后发现成图出错怎样快速修改？

✍ 有时候渲染完成图，发现某些对象的材质颜色、反射不理想，需要修改，又不想重新渲染场景，最有效的方法就是使用区域渲染。在"渲染帧"窗口中使用"区域"选项，框选出修改的对象区域，然后重新渲染该部分即可。但这个方法有前提条件，不能移动模型、调节灯光、修改渲染参数，否则局部渲染的区域和周围会有接缝。

如果该对象材质修改得过大，比如添加了自发光这些属性，就需要单独渲染这个对象。选中修改对象以外的所有对象，然后在"VRay属性"中设置为"无光对象"，并设置"Alpha基值"为-1，这样除了修改对象以外的对象都渲染为黑色，在Photoshop中叠加即可。同样使用这个方法，必须是不能移动模型、调节灯光、修改渲染参数。

❓ 修改了场景是否还需要重新渲染光子文件？

✍ 在不移动场景对象位置、修改灯光位置和颜色、材质漫反射不做较大改变的情况下，不需要重新渲染光子文件。一般能在后期软件中修改的部分，不建议在前期修改，这样可节省时间，提高效率。

❓ 渲染出来一片黑色怎么办？

✍ 遇到这种情况一般需要检查两个地方。一个是检查模型是否遮挡了镜头，导致渲染不出物体；还有是否勾选了"不渲染最终图像"选项。

❓ 渲染启动不久自动跳出怎么办？

✍ 内存不足会造成渲染时自动跳出，有时候也表现为长时间"未响应"卡顿状态。造成这种情况有可能是渲染分辨率过大、渲染参数过高或场景模型面数很多使得场景过大。

❓ 渲染时出现"光线跟踪器"对话框怎么办？

✍ 出现这种对话框是因为场景中含有默认材质的模型，这种默认材质使用了老式的光线跟踪引擎。将包含光线跟踪引擎的材质转换为VRayMtl材质，再次渲染就不会再出现该对话框。当然不更换材质，继续渲染也不影响，只是会稍微增加渲染时间。很多较早的网络素材中会带有这种材质。

第6章

室内空间的后期处理

* 辅助通道的渲染方法　　* 画面的整体处理　　* 添加特效和背景

6.1 辅助通道的准备

本节将讲解后期处理中常用到的通道，以及通道的渲染方法。

6.1.1 VRayObjectID通道

VRayObjectID通道，是用不同的颜色把不同的物体区分开，方便后期的范围拾取。在渲染该通道前，需要手动指定不同的对象ID。

选中每个物体，然后单击鼠标右键选择"对象属性"选项，接着在弹出的对话框中的"对象ID"后填入不同的数字，如图6-1所示。

设置VRayObjectID通道的方法很简单，在"渲染设置"面板中，切换到"渲染元素"选项卡，然后单击"添加"按钮来添加该通道即可，如图6-2所示。

图6-1

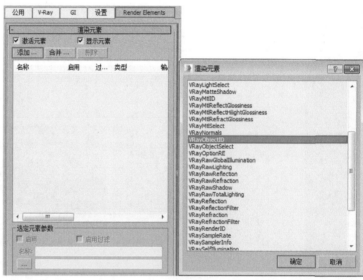

图6-2

实例：渲染VRayObjectID通道

» 场景位置　场景文件>CH06>01.max
» 实例位置　实例文件>CH06>渲染VRayObjectID通道.max
» 学习目标　练习渲染VRayObjectID通道的方法

VRayObjectID通道渲染效果如图6-3所示。

 扫码观看视频！

图6-3

01 打开本书学习资源"场景文件>CH06>01.max"文件，如图6-4所示。

02 选中花瓶，然后单击鼠标右键选择"对象属性"选项，接着在弹出的对话框中设置"对象ID"为5，如图6-5所示。

03 依次设置其余对象的ID编号，然后按F10键打开"渲染设置"面板，接着切换到"渲染元素"面板，单击"添加"按钮后选择VRayObjectID选项，如图6-6所示。

04 单击下方的"浏览"按钮，然后设置VRayObjectID通道的保存路径，如图6-7所示。

图6-4 图6-5

05 设置好渲染参数后，按F9键渲染成图。渲染结束后，会自动弹出VRayObjectID通道的渲染图，效果如图6-8所示。

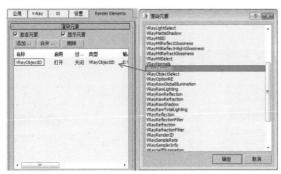

图6-6 图6-7 图6-8

6.1.2 VRayRenderID通道

VRayRenderID通道，是用不同的颜色将不同的材质区分开，方便后期的范围拾取。设置VRayRenderID通道的方法很简单，在"渲染设置"面板中，切换到"渲染元素"选项卡，然后单击"添加"按钮来添加该通道即可，如图6-9所示。成图渲染效果如图6-10所示，VRayRenderID通道渲染效果如图6-11所示。

图6-9 图6-10 图6-11

6.1.3 AO通道

AO通道是能改善阴影，给场景更多的深度，有助于更好地表现模型的细节。它不仅能增强空间的层次感、真实感，同时还能加强和改善画面的明暗对比，增强画面可看性。

AO通道渲染方法与之前的通道不同，是将加载了"VRay污垢"贴图的材质球作为"覆盖材质"进行渲染。

实例：渲染AO通道

» 场景位置　场景文件>CH06>01.max
» 实例位置　实例文件>CH06>渲染AO通道.max
» 学习目标　练习渲染AO通道的方法

AO通道渲染效果如图6-12所示。

扫码观看视频！

图6-12

01 按M键打开"材质球编辑器"，然后选择一个空白标准材质球，设置"漫反射"为白色，接着在"漫反射"通道加载一张"VRay污垢"贴图，效果如图6-13所示。

02 设置"VRay污垢参数"卷展栏中的"半径"大小为300mm，如图6-14所示。

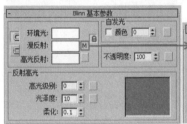

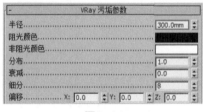

图6-13　　　　　　　　　　　　图6-14

> Tips　设置"半径"大小，可以控制阴影的深浅，根据场景不同，设置的大小也不同。

03 按F10键打开"渲染设置"面板，然后在VRay选项卡中展开"全局开关"卷展栏，接着勾选"覆盖材质"选项，并将材质球以"实例"的形式复制到通道上，如图6-15所示。

04 按F9键渲染当前场景，效果如图6-16所示。

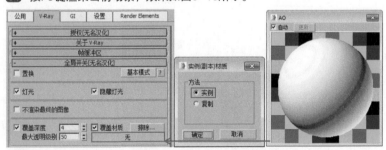

图6-15　　　　　　　　　　　　图6-16

> Tips　除了使用"VRay污垢"材质球制作AO通道，还可以使用专用插件制作。

6.2 画面的整体处理

本节将主要讲解常用的画面整体处理命令，这些命令都是在Photoshop中使用的。

6.2.1 调整曝光度

在渲染成图时，为了避免画面曝光过度，造成曝白的效果，往往会将灯光亮度降低，因而画面整体偏暗。这时就需要在后期处理时，调整曝光度，使画面亮度合适。

图6-17所示为一张渲染好的成图，画面整体偏暗，但层次分明。

将渲染好的图片在Photoshop中打开，然后执行"图像>调整>曝光度"菜单命令，接着在弹出的对话框中调整曝光度的参数，如图6-18所示。

调整后的效果如图6-19所示。

图6-17　　　　　　　　　　　图6-18　　　　　　　　　　　图6-19

6.2.2 调整色阶

色阶也就是Gamma增益曲线的调整，通过调整最小值和最大值限定画面所有颜色的灰阶构成范围，通过调整中间的基准值来控制增益曲线的整体偏向。

图6-20所示为一张渲染好的成图，画面层次不明显。

将渲染好的图片在Photoshop中打开，然后执行"图像>调整>色阶"菜单命令，接着在弹出的对话框中调整色阶的参数，如图6-21所示。

调整后的效果如图6-22所示。

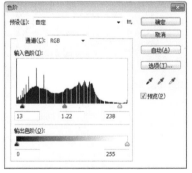

图6-20　　　　　　　　　　　图6-21　　　　　　　　　　　图6-22

6.2.3 调整色相/饱和度

控制画面整体的饱和度，一般使用"饱和度"这个命令，而单独控制某一种颜色时，是使用"色相/饱和度"命令。

图6-23所示为一张渲染好的酒吧工装效果图，其颜色饱和度过高，显得不真实。

将图片在Photoshop中打开，然后执行"图像>调整>色相/饱和度"菜单命令，接着在弹出的对话框中调整饱和度的参数，如图6-24所示。

调整后的效果如图6-25所示。图片饱和度降低，画面显得更加真实。

图6-23

图6-24

图6-25

如果要单独调整画面中红色部分的饱和度，单击全图后的下拉菜单，然后选择红色，再调整饱和度，如图6-26所示，效果如图6-27所示。

图6-26

图6-27

6.2.4 调整色彩平衡

"色彩平衡"可以对画面的"阴影""中间调"和"高光"区域进行色彩校正。图6-28所示为渲染好的成图，需要通过"色彩平衡"将冷色调的图片调整为偏暖色调。

将图片在Photoshop中打开，然后执行"图像>调整>色彩平衡"菜单命令，接着在弹出的对话框中调整高光的参数，如图6-29所示。

图6-28

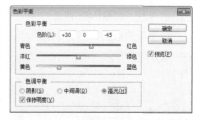
图6-29

继续调整阴影的参数，使得阴影部分仍旧保持冷色调，如图6-30所示。

调整后的效果如图6-31所示。

Tips 调整图片的冷暖色调，还可以使用"照片滤镜"命令。但该命令对细节处理不如"色彩平衡"命令灵活。

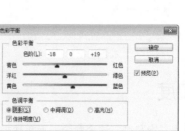
图6-30

图6-31

实例：画面的整体处理

» 场景位置　场景文件>CH06>02.jpg
» 实例位置　实例文件>CH06>画面的整体处理.psd
» 学习目标　练习画面的整体处理方法

画面整体处理的前后对比如图6-32所示。

扫码观看视频！

图6-32

01 在Photoshop中打开本书学习资源"场景文件>CH06>02.jpg"文件，如图6-33所示。

02 执行"图像>调整>曝光度"菜单命令，然后设置"曝光度"为0.45、"位移"为-0.099，如图6-34所示，效果如图6-35所示。

图6-33

图6-34

图6-35

Tips 不同显示器之间存在亮度和颜色的差别，案例所设置的数值仅作为参考，实际练习时根据显示器效果进行数值调整。

03 执行"图像>调整>色阶"菜单命令，然后设置参数如图6-36所示，效果如图6-37所示。

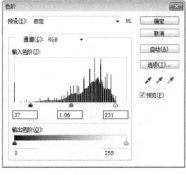
图6-36

图6-37

04 执行"图像>调整>色彩平衡"菜单命令，然后设置参数如图6-38所示，效果如图6-39所示。

图6-38

图6-39

05 执行"渲染>锐化>USM锐化"菜单命令，设置参数如图6-40所示，最终效果如图6-41所示。

图6-40　　　　　　　　　　　图6-41

6.3　添加特效或配景

本节将讲解效果图的特效或配景添加方法，这些技巧都是在制作效果图后期中常用的技能，需要熟练掌握。

6.3.1　添加外景

渲染效果图时，外景图片不一定适合整体效果，经常会在后期中添加合适的外景图片。对于需要添加外景的图片，最好在渲染时将图片保存为带Alpha通道格式的图片，这样方便后期抠出外景部分。下面通过一个实例进行详细讲解。

实例：为效果图添加外景

» 场景位置　场景文件>CH06>03.tga、04.jpg
» 实例位置　实例文件>CH06>为效果图添加外景.psd
» 学习目标　练习为效果图添加外景的方法

效果图添加外景对比效果如图6-42所示。

扫码观看视频！

图6-42

01 在Photoshop中打开本书学习资源"场景文件>CH06>03.tga"文件，如图6-43所示。

02 切换到"通道"面板，然后按住Ctrl键单击Alpha1通道，如图6-44所示，加载通道后的效果如图6-45所示。

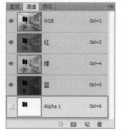

图6-43　　　　　　　图6-44　　　　　　　图6-45

03 保持选中状态，按组合键Shift + Ctrl + I反选，如图6-46所示，然后按组合键Ctrl + J复制出窗外黑色部分，如图6-47所示。

04 打开本书学习资源"场景文件>CH06>04.jpg"文件，然后置于场景中，如图6-48所示。

图6-46   图6-47   图6-48

05 选中窗外背景的"图层2"，然后按住Alt键在"图层2"和"图层1"之间的位置单击鼠标，使"图层2"作为"图层1"的剪切图层，如图6-49所示，效果如图6-50所示。

06 按组合键Ctrl + T调整窗外背景图片的大小，最终效果如图6-51所示。

图6-49   图6-50   图6-51

6.3.2 添加景深效果

景深效果除了前期在3ds Max中渲染，也可以在Photoshop中使用滤镜制作。在3ds Max中渲染景深效果，景深会更加真实，但渲染速度很慢；在Photoshop中使用滤镜制作景深，速度更快，可控性也更高。下面通过一个实例详细讲解添加景深的方法。

实例：为效果图添加景深

» 场景位置   场景文件>CH06>05.jpg
» 实例位置   实例文件>CH06>效果图添加景深.psd
» 学习目标   练习为效果图添加景深的方法

添加景深对比效果如图6-52所示。

扫码观看视频！

图6-52

01 打开本书学习资源"场景文件>CH06>05.jpg"文件，如图6-53所示。

图6-53

02 执行"滤镜>模糊>场景模糊"菜单命令，然后弹出图6-54所示的对话框。

03 在效果图中单击鼠标添加图6-55所示的控制点。

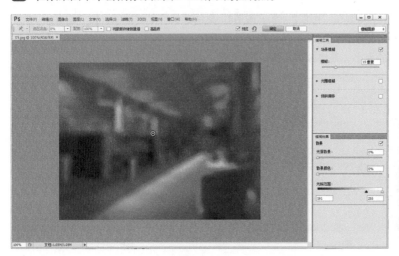

图6-54

图6-55

04 选中最右侧的控制点，然后在右侧面板中设置"模糊"为0像素，如图6-56所示。

05 从左至右依次设置剩下3个控制点为10像素、6像素、3像素，如图6-57所示。

06 单击"确定"按钮 确定 ，退出对话框，最终效果如图6-58所示。

图6-56

图6-57

图6-58

6.3.3 添加体积光

体积光也就是丁达尔效应。体积光作为大气和灯光的混合效果，如果通过3ds Max来制作，效果很好，但渲染速度很慢；如果通过Photoshop制作，效果不如3ds Max，但效率极高。下面通过一则实例来讲解体积光的制作过程。

实例：为效果图添加体积光

» 场景位置　场景文件>CH06>06.jpg
» 实例位置　实例文件>CH06>效果图添加体积光.psd
» 学习目标　学习为效果图添加体积光的方法

添加体积光效果对比如图6-59所示。

扫码观看视频！

图6-59

01 打开本书学习资源"场景文件>CH06>06.jpg"文件，如图6-60所示。

02 使用"魔棒工具" 选中窗外区域，如图6-61所示。

03 按组合键Ctrl＋J复制出窗外部分，如图6-62所示。

图6-60

图6-61

图6-62

04 执行"滤镜>模糊>径向模糊"菜单命令，然后在弹出的对话框中设置"数量"为50、"模糊方法"为"缩放"、"品质"为"最好"，"中心模糊"为如图6-63所示的效果，图片效果如图6-64所示。

05 不改变"模糊中心"的位置，继续使用"径向模糊"，并增大"数量"值，效果如图6-65所示。

图6-63

图6-64

图6-65

06 设置"图层1"的混合模式为"滤色"，如图6-66所示，效果如图6-67所示。

Tips

滤色模式是保留两个图层较白的部分，较暗的部分被遮盖。

图6-66

图6-67

07 用"橡皮擦工具" ✐ 擦除多余的部分，然后将"图层1"复制一层，最终效果如图6-68所示。

图6-68

疑难问答

⑦ 如何控制效果图后期的目标效果？

✎ 制作效果图后期的目的是调整渲染成图的缺陷、增加整体的气氛和添加一些效果，这是需要一个长时间的经验积累和大量素材的浏览。每个人都有自己的后期处理方法，笔者经验是先处理渲染成图的缺陷，然后添加照片滤镜等控制氛围的效果，最后添加景深模糊、体积光或镜头光晕等特效。

⑦ 如何使添加的外景图片更加真实？

✎ 在添加外景图片时，一是要注意地平线的高度是否符合现实的合理性，比如外景图片的地平线明显高于室内的地平线；二是要注意外景图片的透视角度是否有悖于视角。

在处理外景图片的亮度时，要区分日景与夜景的不同。日景的外景图片曝光度会比室内强度大，外景图片要呈现曝白状态；夜景的外景图片曝光度会比室内强度小，外景图片呈现曝光不足状态。

⑦ 为何图片后期处理后仍不满意？

✎ 后期处理虽然功能强大，但仍不是万能的。一张效果图从设计、建模、灯光、材质、渲染到最后的后期处理都和最终呈现的效果息息相关，后期只能弥补前期渲染出现的一些缺陷，如曝光不足、材质颜色反射问题等，控制氛围、添加特效这些是为最终效果锦上添花。如果涉及模型空间的问题，只能在前期进行修改。

第7章

欧式客厅日景的表现

* 掌握常用材质的表现方法   * 熟练掌握VRay太阳   * 掌握AO技法

7.1 渲染空间简介

　　本例是一个欧式客厅场景。场景的整体色彩偏淡雅，没有饱和度很强的颜色。由于场景是表现日景，灯光采用"VRay太阳"模拟日光，为场景的主光源。室内部分用VRay平面灯光模拟灯槽灯光辅助空间划分，VRay球形灯光模拟壁灯点缀画面，个别地方使用目标灯光模拟筒灯效果。

　　整个场景渲染采用LWF线性工作流，因此场景内的灯光也很少，尽量用VRay太阳的灯光强度照亮场景，VRay平面灯光模拟天光辅助，力求整个画面明暗对比适中，更接近于真实照片效果。

7.2 创建摄影机

» 场景位置　场景文件>CH07>01.max
» 实例位置　实例文件>CH07>欧式客厅日景表现.max
» 学习目标　创建摄影机和设置测试渲染参数

扫码观看视频！

01 打开本书学习资源"场景文件>CH07>01.max"文件，场景如图7-1所示。

02 在顶视图中创建一个"目标"摄影机，如图7-2所示。

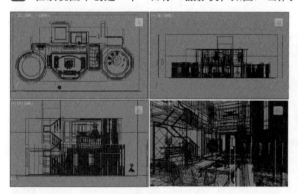

图7-1

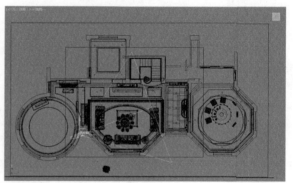

图7-2

03 在前视图中调整好摄影机的高度，如图7-3所示。

04 在"修改"面板中展开"参数"卷展栏，然后设置"镜头"为24mm，如图7-4所示。

05 切换到摄影机视图，效果如图7-5所示。

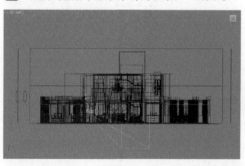

图7-3

图7-4

图7-5

06 可以观察到，前方的墙体遮挡了镜头。选中摄影机，然后展开"参数"卷展栏，勾选"手动剪切"选项，接着设置"近距剪切"为1337.6mm、"远距剪切"为20000mm，如图7-6所示，摄影机视图效果如图7-7所示。

图7-6

Tips "近距剪切"和"远距剪切"之间的范围是摄影机可见范围。需要渲染的区域要包含在这个范围之内。

图7-7

7.3 设置测试渲染参数

下面设置场景的渲染参数，为下一步创建灯光和材质做准备，方便及时测试渲染。

01 按F10键打开"渲染设置"面板，然后在"公用"选项卡中设置"宽度"为600、"高度"为520，如图7-8所示。

02 在VRay选项卡中，展开"图像采样器（抗锯齿）"卷展栏，然后设置"类型"为"固定"、"过滤器"为"区域"，如图7-9所示。

图7-8

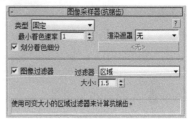

图7-9

03 展开"全局确定性蒙特卡洛"卷展栏，然后设置"噪波阈值"为0.01，如图7-10所示。

04 在GI选项卡中，展开"全局照明"卷展栏，然后勾选"启用全局照明（GI）"选项，接着设置"首次引擎"为"发光图"、"二次引擎"为"灯光缓存"，如图7-11所示。

05 展开"发光图"卷展栏，然后设置"当前预设"为"自定义"，接着设置"最小速率"和"最大速率"均为-4，再设置"细分"为50，最后设置"插值采样"为20，如图7-12所示。

图7-10

图7-11

图7-12

06 展开"灯光缓存"卷展栏，然后设置"细分"为200，如图7-13所示。

07 在"设置"选项卡中，展开"系统"卷展栏，然后设置"渲染块高度"为32、"序列"为"上→下"，如图7-14所示。

图7-13

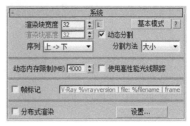

图7-14

7.4 创建灯光

扫码观看视频！

- » 场景位置　场景文件>CH07>01.max
- » 实例位置　实例文件>CH07>欧式客厅日景表现.max
- » 学习目标　创建场景灯光

摄影机和渲染测试参数设置好后，下面创建场景灯光。本例是一个日光场景，以日光为主光，室内光为辅照亮场景。

7.4.1 阳光

01 在场景中创建一盏"VRay太阳"，其位置如图7-15所示。

02 在"VRay太阳参数"卷展栏中，设置"强度倍增"为0.02、"大小倍增"为4、"阴影细分"为8，如图7-16所示。

03 按F9键，在摄影机视图渲染当前场景，如图7-17所示。

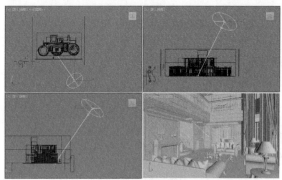

图7-15　　　　　　　　　图7-16　　　　　　　　　图7-17

 本例表现为日景，一般以午后1点到3点的日光为参考，"VRay太阳"灯光与地面的夹角不宜过小。

7.4.2 天光

01 在窗外创建一盏"VRay灯光"，其位置如图7-18所示。

02 选中上一步创建的"VRay灯光"，然后展开"参数"卷展栏，设置参数如图7-19所示。

① 设置"类型"为"平面"。

② 设置"倍增"为5、"颜色"为（红:202，绿:218，蓝:255）。

③ 设置"1/2长"为1065.34mm、"1/2宽为2091.941mm。

④ 勾选"不可见"选项，取消勾选"影响高光"和"影响反射"选项。

⑤ 设置"细分"为16。

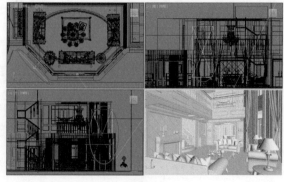

图7-18　　　　　　　　　图7-19

03 以"实例"的形式复制灯光到其余窗户外,位置如图7-20所示。

04 按F9键,在摄影机视图渲染当前场景,如图7-21所示。

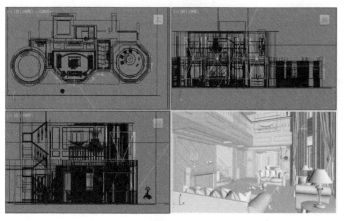

图7-20   图7-21

Tips　　"VRay太阳"在创建时,自动创建了"VRay天空"贴图,可以作为天光使用。这里继续创建天光是用于表现天光的方向性,场景暗部的着色,以及天光亮度的补充。

7.4.3 灯槽灯光

01 在场景中创建一盏"VRay灯光"作为餐厅灯槽的灯光,位置如图7-22所示。

02 选中上一步创建的"VRay灯光",然后展开"参数"卷展栏,设置参数如图7-23所示。

① 设置"类型"为"平面"。

② 设置"倍增"为6、"颜色"为(红:255,绿:155,蓝:55)。

③ 设置"1/2长"为25.881mm、"1/2"宽为983.476mm。

④ 勾选"不可见"选项,取消勾选"影响高光"和"影响反射"选项。

⑤ 设置"细分"为8。

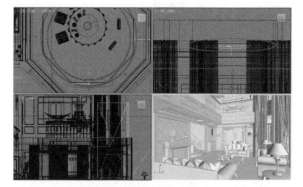

图7-22   图7-23

03 以"实例"的形式,复制该灯光到灯槽其余部分,位置如图7-24所示。

04 按F9键在摄影机视图渲染当前场景,如图7-25所示。

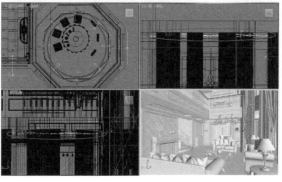

图7-24   图7-25

05 在场景中创建一盏"VRay灯光"作为走廊灯槽灯光，位置如图7-26所示。

06 选中上一步创建的"VRay灯光"，然后展开"参数"卷展栏，设置参数如图7-27所示。

① 设置"类型"为"平面"。

② 设置"倍增"为6、"颜色"为（红:255，绿:155，蓝: 55）。

③ 设置"1/2长"为25.881mm、"1/2"宽为983.476mm。

④ 勾选"不可见"选项，取消勾选"影响高光"和"影响反射"选项。

⑤ 设置"细分"为8。

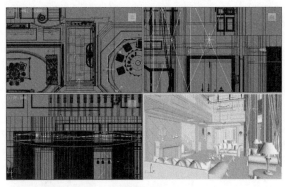

图7-26　　　　　　　　　　图7-27

07 以"实例"的形式，复制该灯光到灯槽其余部分，位置如图7-28所示。

08 按F9键，在摄影机视图渲染当前场景，如图7-29所示。

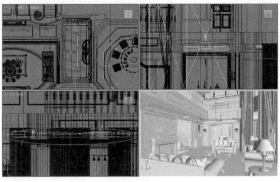

图7-28　　　　　　　　　　图7-29

7.4.4 壁灯灯光

01 在场景中创建一盏"VRay灯光"作为壁灯灯光，如图7-30所示。

02 选中上一步创建的"VRay灯光"，然后展开"参数"卷展栏，设置参数如图7-31所示。

① 设置"类型"为"球体"。

② 设置"倍增"为5、"颜色"为（红:255，绿:155，蓝: 55）。

③ 设置"半径"为122.46mm。

④ 勾选"不可见"选项，取消勾选"影响高光"和"影响反射"选项。

⑤ 设置"细分"为8。

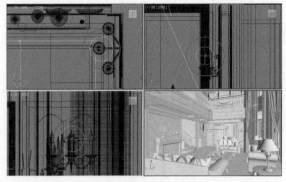

图7-30　　　　　　　　　　图7-31

03 以"实例"的形式，复制一盏灯光到另一侧的壁灯，位置如图7-32所示。

04 按F9键，在摄影机视图渲染当前场景，如图7-33所示。

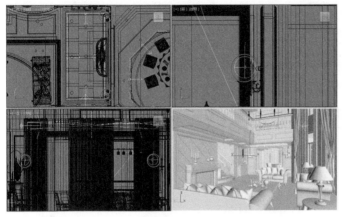

图7-32   图7-33

7.4.5 筒灯灯光

01 在场景中创建一盏"目标灯光"作为筒灯灯光，位置如图7-34所示。

02 选中上一步创建的"目标灯光"，然后展开"参数"卷展栏，设置参数如图7-35所示。

① 取消勾选"目标"选项。

② 勾选"阴影"中的"启用"选项，设置阴影类型为"VRay阴影"。

③ 设置"灯光分布（类型）"为"光度学Web"，在通道中加载本书学习资源"实例文件>CH07>欧式客厅日景表现>TD-029.IES"文件。

④ 设置"过滤颜色"为（红:255，绿:187，蓝:120），设置"强度"为18000。

03 以"实例"形式将该灯光复制到二楼摆件上方，位置如图7-36所示。

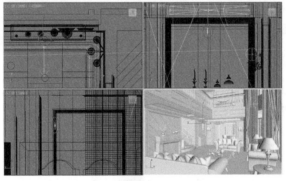
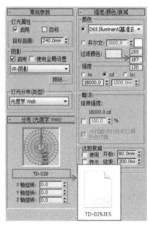

图7-34   图7-35

04 按F9键，在摄影机视图渲染当前场景，如图7-37所示。

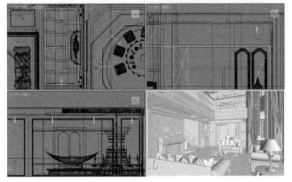

图7-36   图7-37

 Tips   本例中的筒灯用来点缀画面，使场景看起来更丰富。

7.5 创建材质

» 场景位置　场景文件>CH07>01.max
» 实例位置　实例文件>CH07>欧式客厅日景表现.max
» 学习目标　创建场景材质

创建完灯光之后，接下来创建场景中的主要材质，如图7-38所示。对于场景中未讲解的材质，可以打开实例文件夹查看。

扫码观看视频！

图7-38

7.5.1 客厅地毯

⊙　材质特点

＊　带花纹毛毯　　＊　表现柔软而厚重的感觉

01 选择一个空白材质球，转换为VRayMtl材质球。在"漫反射"通道中加载一张"衰减"贴图，然后在"前"通道和"侧"通道中加载本书学习资源"实例文件>CH07>欧式客厅日景表现>新地毯01.jpg"文件，接着设置"侧"通道量为90，再设置"衰减类型"为"垂直/平行"，如图7-39所示。

图7-39

02 设置"反射"颜色为（红:60，绿:60，蓝: 60），然后设置"反射光泽度"为0.5，如图7-40所示。

03 展开"贴图"卷展栏，然后在"凹凸"通道中加载本书学习资源"实例文件>CH07>欧式客厅日景表现>新地毯01.jpg"文件，并设置"凹凸"强度为10，如图7-41所示。材质球效果如图7-42所示。

图7-40

图7-41

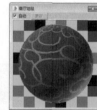

图7-42

7.5.2 沙发布

⊙　材质特点

＊　带花纹布料　　＊　有丝光反射

01 选择一个空白材质球，转换为VRayMtl材质球。在"漫反射"通道中加载本书学习资源"实例文件>CH07>欧式客厅日景表现>沙发布.jpg"文件，然后设置"反射"颜色为（红:100，绿:100，蓝:100），接着设置"反射光泽度"为0.68，如图7-43所示。

02 展开"贴图"卷展栏，然后在"凹凸"通道中加载本书学习资源"实例文件>CH07>欧式客厅日景表现>沙发布.jpg"文件，并设置"凹凸"强度为12，如图7-44所示。材质球效果如图7-45所示。

 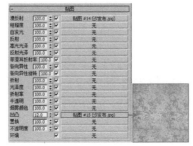 

图7-43　　　　　　　　　　　图7-44　　　　　　　　　　图7-45

7.5.3 大理石

⊙ **材质特点**

＊ 表面光滑　　　＊ 高光明显

01 选择一个空白材质球，转换为VRayMtl材质球。在"漫反射"通道中加载本书学习资源"实例文件>CH07>欧式客厅日景表现>萨安那米黄.jpg"文件，如图7-46所示。

02 设置"反射"颜色为（红:80，绿:80，蓝: 80），然后设置"高光光泽度"为0.85、"反射光泽度"为0.95、"细分"为12，如图7-47所示。材质球效果如图7-48所示。

图7-46　　　　　　　　　　　图7-47　　　　　　　　　　图7-48

7.5.4 红砖

⊙ **材质特点**

＊ 表面粗糙　　　＊ 反射度低　　　＊ 有凹凸纹理

01 选择一个空白材质球，转换为VRayMtl材质球。在"漫反射"通道中加载本书学习资源"实例文件>CH07>欧式客厅日景表现>红砖.jpg"文件，然后设置"反射"颜色为（红:13，绿:13，蓝:13），接着设置"反射光泽度"为0.6，如图7-49所示。

02 展开"贴图"卷展栏，然后在"凹凸"通道中加载本书学习资源"实例文件>CH07>欧式客厅日景表现>红砖.jpg"文件，并设置"凹凸"强度为60，如图7-50所示。材质球效果如图7-51所示。

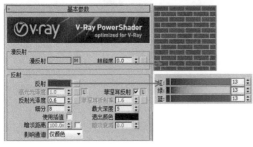  

图7-49　　　　　　　　　　　图7-50　　　　　　　　　　图7-51

7.5.5 乳胶漆

⊙ 材质特点

* 表面平整　　* 纯色，呈哑光状态　　* 反射度几乎为零

　　选择一个空白材质球，转换为VRayMtl材质球。设置"漫反射"颜色为（红:240，绿:240，蓝: 240），如图7-52所示。材质球效果如图7-53所示。

图7-52　　　　　　　　　　　图7-53

7.5.6 镜面

⊙ 材质特点

* 表面平整光滑　　* 反射度高

　　选择一个空白材质球，转换为VRayMtl材质球。设置"漫反射"颜色为（红:255，绿:255，蓝:255），然后设置"反射"颜色为（红:255，绿:255，蓝: 255），接着取消勾选"菲涅耳反射"选项，如图7-54所示。材质球效果如图7-55所示。

图7-54　　　　　　　　　　　图7-55

7.5.7 白漆

⊙ 材质特点

* 表面光滑，质感柔和　　* 半哑光状态，高光区域较大

01 选择一个空白材质球，转换为VRayMtl材质球。设置"漫反射"颜色为（红:255，绿:255，蓝:255），然后设置"反射"颜色为（红:210，绿:210，蓝:210），接着设置"高光光泽度"为0.8、"反射光泽度"为0.9、"细分"为12，如图7-56所示。

02 展开"双向反射分布函数"卷展栏，然后设置类型为"沃德"，如图7-57所示。材质球效果如图7-58所示。

图7-56　　　　　　　　　图7-57　　　　　　　　　图7-58

7.5.8 窗帘

⊙ 材质特点

* 带花纹绒布　　* 柔软有光泽

01 选择一个空白材质球，转换为VRayMtl材质球。在"漫反射"通道中加载一张"衰减"贴图，然后在"前"通道和"侧"通道中加载本书学习资源"实例文件>CH07>欧式客厅日景表现>窗帘.jpg"文件，接着设置"侧"通道值为60，最后设置"衰减类型"为"垂直/平行"，如图7-59所示。

02 在"反射"通道中加载一张"衰减"贴图，然后设置"衰减类型"为Fresnel，接着设置"反射光泽度"为0.63，最后取消勾选"菲涅耳反射"选项，如图7-60所示。材质球效果如图7-61所示。

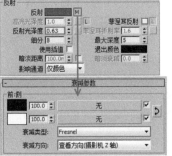

图7-59　　　　　　　　　图7-60　　　　　　　　　图7-61

7.5.9 地砖

⊙ **材质特点**

＊ 材质表面较光滑　　＊ 反射较强

01 选择一个空白材质球，转换为VRayMtl材质球。在"漫反射"通道中加载本书学习资源"实例文件>CH07>欧式客厅日景表现>地砖.jpg"文件，如图7-62所示。

02 设置"反射"颜色为（红:130，绿:130，蓝:130），然后设置"高光光泽度"为0.85，接着设置"反射光泽度"为0.95，如图7-63所示。材质球效果如图7-64所示。

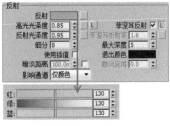

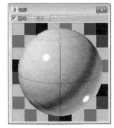

图7-62　　　　　　　　　图7-63　　　　　　　　　图7-64

7.5.10 边线

⊙ **材质特点**

＊ 材质表面较光滑　　＊ 反射较强

01 选择一个空白材质球，转换为VRayMtl材质球。在"漫反射"通道中加载本书学习资源"实例文件>CH07>欧式客厅日景表现>咖网.jpg"文件，如图7-65所示。

02 设置"反射"颜色为（红:100，绿:100，蓝:100），然后设置"反射光泽度"为0.9，如图7-66所示。材质球效果如图7-67所示。

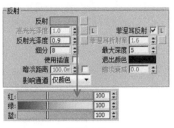

图7-65　　　　　　　　　图7-66　　　　　　　　　图7-67

7.5.11 水晶

⊙ 材质特点

＊ 材质表面光滑　　＊ 反射较强　　＊ 透明，折射率高

01 选择一个空白材质球，转换为VRayMtl材质球。设置"漫反射"颜色为（红:178，绿:183，蓝:195），然后设置"反射"颜色为（红:173，绿:173，蓝:173），如图7-68所示。

02 设置"折射"颜色为（红:240，绿:240，蓝:240），然后设置"折射率"为2.2，最后勾选"影响阴影"选项，如图7-69所示。材质球效果如图7-70所示。

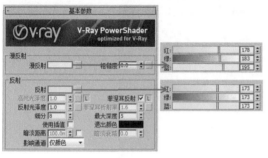

图7-68

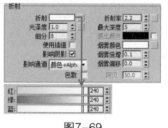

图7-69

图7-70

7.5.12 金属

⊙ 材质特点

＊ 材质表面有磨砂感　　＊ 反射较强

01 选择一个空白材质球，转换为VRayMtl材质球。设置"漫反射"颜色为（红:119，绿:76，蓝:30），然后设置"反射"颜色为（红:224，绿:155，蓝:81），接着设置"反射光泽度"为0.88，最后取消勾选"菲涅耳反射"选项，如图7-71所示。

02 展开"双向反射分布函数"卷展栏，然后设置类型为"沃德"，如图7-72所示。材质球效果如图7-73所示。

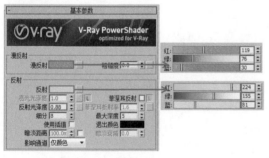

图7-71

图7-72

图7-73

7.6 设置成图渲染参数

» 场景位置　场景文件>CH07>01.max

» 实例位置　实例文件>CH07>欧式客厅日景表现.max

» 学习目标　渲染光子、成图和通道

扫码观看视频！

设置好材质，并经过测试，就可以对场景进行最终渲染。提前渲染光子图会提高渲染效率。

7.6.1 渲染并保存光子图

01 按F10键打开"渲染设置"面板，然后切换到VRay选项卡，并展开"全局开关"卷展栏，接着勾选"不渲染最终的图像"选项，如图7-74所示。

02 展开"图像采样器（抗锯齿）"卷展栏，然后设置"类型"为"自适应"，接着设置"过滤器"为Mitchell-Netravali，如图7-75所示。

03 展开"全局确定性蒙特卡洛"卷展栏，然后设置"自适应数量"为0.8，接着设置"噪波阈值"为0.005，最后设置"最小采样"为16，如图7-76所示。

图7-74

图7-75

图7-76

04 切换到GI选项卡，然后展开"发光图"卷展栏，接着设置"当前预设"为"中"、"细分"为60、"插值采样"为30，再勾选"自动保存"和"切换到保存的贴图"选项，最后单击"浏览"按钮保存光子图路径，如图7-77所示。

05 展开"灯光缓存"卷展栏，然后设置"细分"为1000，接着勾选"自动保存"和"切换到被保存的缓存"选项，最后单击"浏览"按钮保存灯光缓存路径，如图7-78所示。

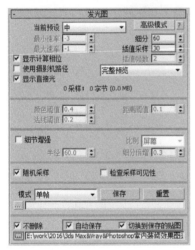

图7-77

06 按F9键渲染当前场景，然后在保存路径中找到渲染好的光子图文件，如图7-79所示。

图7-78

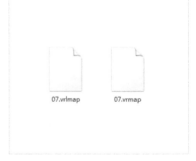

图7-79

7.6.2 渲染成图

01 按F10键打开"渲染设置"面板，然后在"公用"选项卡中设置"宽度"为2000、"高度"为1740，如图7-80所示。

02 切换到VRay选项卡，并展开"全局开关"卷展栏，接着取消勾选"不渲染最终的图像"选项，如图7-81所示。

03 按F9键渲染场景，效果如图7-82所示。

图7-80

图7-81   图7-82

7.6.3 渲染AO通道

下面渲染一张AO通道，方便后面在Photoshop中进行后期处理作。

01 选择一个空白材质球，转换为VRayMtl材质球。然后在"漫反射"通道中加载一张"VRay污垢"贴图，接着设置"半径"为300mm，如图7-83所示。材质球效果如图7-84所示。

02 按F10键打开"渲染设置"面板，切换到VRay选项卡，然后展开"全局开关"卷展栏，勾选"覆盖材质"选项，接着将AO材质球以"实例"的形式复制到通道中，如图7-85所示。

03 按F9键渲染当前场景，AO通道效果图如图7-86所示。

图7-83   图7-84   图7-85   图7-86

7.7 Photoshop后期处理

» 场景位置　场景文件>CH07>01.max
» 实例位置　实例文件>CH07>欧式客厅日景表现.max
» 学习目标　成图的后期处理

扫码观看视频！

成图渲染好后，在Photoshop CS6中进行后期调整。

01 在Photoshop中打开渲染成图和AO通道，如图7-87所示。

02 选中AO图层，然后设置图层混合模式为"柔光"，如图7-88所示，效果如图7-89所示。

图7-87　　　　　　　　　　　图7-88

图7-89

03 执行"图像>调整>曝光度"菜单命令，然后设置"曝光度"为1.22、"位移"为-0.1270，如图7-90所示，效果如图7-91所示。

04 执行"图像>调整>色彩平衡"菜单命令，然后设置参数如图7-92所示，效果如图7-93所示。

图7-90

图7-91

图7-92

05 按组合键Ctrl+Shift+Alt+E，盖印现有图层，如图7-94所示，然后执行"滤镜>模糊>高斯模糊"菜单命令，接着在弹出的对话框中设置参数如图7-95所示。

06 添加"高斯模糊"后设置"图层1"的混合模式为"滤色"、"不透明度"为50%，如图7-96所示，效果如图7-97所示。

图7-94　　　　　图7-95　　　　　图7-96

 "滤色"模式可以提亮画面的亮部，使得太阳光的质感更加强烈。

图7-97

143

07 按组合键Ctrl + Shift + Alt + E再次盖印所有图层，然后执行"滤镜>锐化>智能锐化"菜单命令，接着设置参数如图7-98所示，效果如图7-99所示。

> **Tips** 使用"智能锐化"是为了让图像边缘更加清晰。

图7-98

图7-99

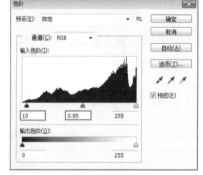

08 执行"图像>调整>色阶"菜单命令，然后设置参数如图7-100所示，效果图最终效果如图7-101所示。

图7-100

图7-101

7.8 AO技术的用法

AO是Ambient Occlusion的简称，可以翻译为"环境遮挡"。

AO的原理是当场景中所有的物体都是由单一的白色进行渲染时，得到一个白模渲染的图像，但是当某些物体阻挡了相当数量的本应投射到其他物体的光线时，结果使被阻挡的地方光线变暗。所以最终得到一个可以表现出非常精确和平滑阴影的全局照明效果图。

在后期制作中，将渲染好的AO通道图与渲染的成图合并，可以改善阴影，给场景更多深度，有助于更好地表现模型的细节。尤其是低质量的成图，AO更能表现出优势。它可以改善渲染计算错误造成的漏光、阴影不实等问题，也可以改善墙角等轮廓不清晰的问题。它不仅增强了画面层次感、真实感，同时还改善了画面的明暗对比，增强了可看性，如图7-102中的对比。

AO在后期的使用方法很简单。将AO图层置于渲染成图上方，然后调整AO图层为"柔光"模式即可，根据效果图的不同适当调整AO图层的不透明度。

图7-102

第8章

现代卧室夜景的表现

* 掌握常用材质的表现方法　　* 熟练掌握夜景布光方法　　* "高级灰"装修风格

8.1 渲染空间简介

本例场景是一个卧室的夜晚效果，在色彩方面主要突出冷暖对比。冷色的天光和暖色的室内灯光，以及室内灯光的层次是学习的重点。

场景在配色上，采用了近两年装修最流行的"高级灰"。

8.2 创建摄影机

» 场景位置　场景文件>CH08>01.max
» 实例位置　实例文件>CH08>现代卧室夜景表现.max
» 学习目标　掌握创建摄影机和设置测试渲染参数的方法

扫码观看视频！

01 打开本书学习资源"场景文件>CH08>01.max"文件，场景如图8-1所示。

02 在顶视图中创建一个"目标"摄影机，如图8-2所示。

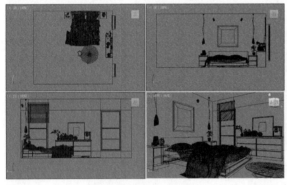

图8-1

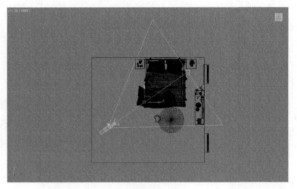

图8-2

03 在前视图中调整好摄影机的高度，如图8-3所示。

04 在"修改"面板中展开"参数"卷展栏，然后设置"镜头"为28mm，如图8-4所示。

05 将视图切换到摄影机视图，效果如图8-5所示。

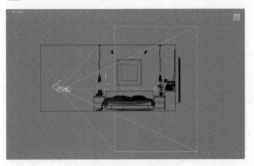

图8-3

图8-4

图8-5

8.3 设置测试渲染参数

下面设置场景的渲染参数，为下一步创建灯光和材质做准备，以方便及时测试渲染。

01 按F10键打开"渲染设置"面板，然后在"公用"选项卡中设置"宽度"为600、"高度"为485，如图8-6所示。

02 在VRay选项卡中，展开"图像采样器（抗锯齿）"卷展栏，然后设置"类型"为"固定"、"过滤器"为"区域"，如图8-7所示。

图8-6

图8-7

03 展开"全局确定性蒙特卡洛"卷展栏，然后设置"噪波阈值"为0.01，如图8-8所示。

04 在GI选项卡中，展开"全局照明"卷展栏，然后勾选"启用全局照明（GI）"选项，接着设置"首次引擎"为"发光图"、"二次引擎"为"灯光缓存"，如图8-9所示。

05 展开"发光图"卷展栏，然后设置"当前预设"为"自定义"，接着设置"最小速率"和"最大速率"均为-4，再设置"细分"为50，最后设置"插值采样"为20，如图8-10所示。

图8-8　　　　　　　　　　图8-9　　　　　　　　　　图8-10

06 展开"灯光缓存"卷展栏，然后设置"细分"为200，如图8-11所示。

07 在"设置"选项卡中，展开"系统"卷展栏，然后设置"渲染块高度"为32、"序列"为"上→下"，如图8-12所示。

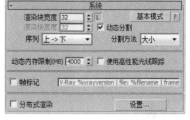

图8-11　　　　　　　　　　图8-12

8.4 创建灯光

» 场景位置　场景文件>CH08>01.max
» 实例位置　实例文件>CH08>现代卧室夜景表现.max
» 学习目标　掌握创建场景灯光的方法

扫码观看视频！

　　摄影机和渲染测试参数设置好后，下面创建场景灯光。本例是一个夜晚场景，以夜晚天光为主光，室内光为辅助光来照亮场景。

8.4.1 夜晚天光

01 在场景中创建一盏"VRay灯光"，其位置如图8-13所示。

02 选中上一步创建的"VRay灯光"，然后展开"参数"卷展栏，设置参数如图8-14所示。

　　① 设置"类型"为"平面"。

　　② 设置"倍增"为35、"颜色"为（红:17，绿:28，蓝:56）。

　　③ 设置"1/2长"为413.516mm、"1/2宽"为861.066mm。

　　④ 勾选"不可见"选项。

　　⑤ 设置"细分"为16。

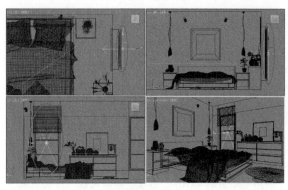
图8-13

图8-14

Tips　VRay渲染器对蓝色和白色的灯光、材质容易产生噪点，在日常制作时，需要增加相应的细分。

03 以"实例"的形式将该灯光复制一盏到另一扇窗户外，位置如图8-15所示。

04 按F9键，在摄影机视图渲染当前场景，如图8-16所示。

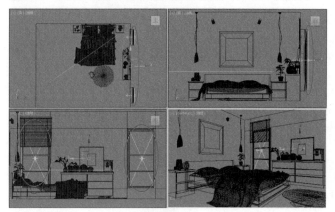
图8-15

图8-16

8.4.2 台灯灯光

01 在台灯中创建一盏"VRay灯光"，其位置如图8-17所示。

02 选中上一步创建的"VRay灯光"，然后展开"参数"卷展栏，设置参数如图8-18所示。

① 设置"类型"为"球体"。

② 设置"倍增"为100、"颜色"为（红:255，绿:155，蓝:101）。

③ 设置"半径"为26.801mm。

④ 勾选"不可见"选项。

⑤ 设置"细分"为16。

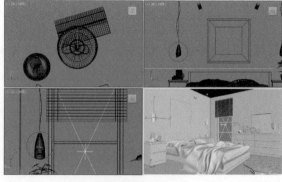
图8-17

图8-18

03 以"实例"的形式复制灯光到另一盏台灯内，位置如图8-19所示。

04 按F9键，在摄影机视图渲染当前场景，如图8-20所示。

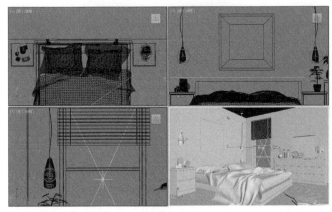

图8-19　　　　　　　　　　　　　　图8-20

8.4.3 射灯灯光

01 在射灯模型下创建一盏"目标灯光"作为射灯灯光，位置如图8-21所示。

02 选中上一步创建的"目标灯光"，然后展开"参数"卷展栏，设置参数如图8-22所示。

① 勾选阴影中的"启用"选项，设置阴影类型为"V-Ray阴影"。

② 设置"灯光分布（类型）"为"光度学Web"，在通道中加载本书学习资源"实例文件>CH08>现代卧室夜景表现>18.IES"文件。

③ 设置"过滤颜色"为（红:250，绿:195，蓝: 136），设置"强度"为7728。

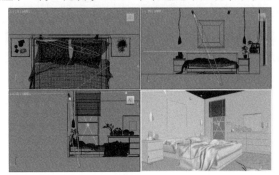

图8-21　　　　　　　　　　　　　　图8-22

03 以"实例"的形式，复制该灯光到另一盏射灯模型下方，位置如图8-23所示。

04 按F9键在摄影机视图渲染当前场景，如图8-24所示。

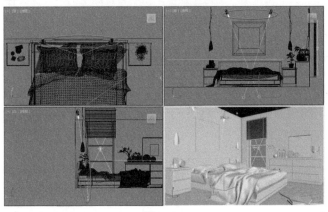

图8-23　　　　　　　　　　　　　　图8-24

 射灯作为室内灯光的主光，强度要比台灯的灯光强度大，便于区分两种灯光。

149

8.5 创建材质

» 场景位置 场景文件>CH08>01.max
» 实例位置 实例文件>CH08>现代卧室夜景表现.max
» 学习目标 掌握创建场景材质的方法

创建完灯光之后，接下来创建场景中的主要材质，如图8-25所示。对于场景中未讲解的材质，可以通过打开实例文件来查看。

扫码观看视频！

图8-25

8.5.1 灰色乳胶漆

⊙ 材质特点

＊ 表面平整　＊ 纯色哑光　＊ 反射度几乎为零

　　选择一个空白材质球，将其转换为VRayMtl材质球。设置"漫反射"颜色为（红:46，绿:46，蓝: 51），如图8-26所示。材质球效果如图8-27所示。

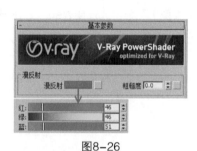

图8-26

图8-27

8.5.2 木作

⊙ 材质特点

＊ 反射较强，半哑光　＊ 有一定纹理感

01 选择一个空白材质球，转换为VRayMtl材质球。在"漫反射"通道中加载本书学习资源中的"实例文件>CH08>现代卧室夜景表现>EVL樱桃.jpg"文件，然后设置"反射"颜色为（红:186，绿:186，蓝: 186），接着设置"高光光泽度"为0.85、"反射光泽度"为0.8，如图8-28所示。

02 展开"贴图"卷展栏，然后在"凹凸"通道中加载本书学习资源中的"实例文件>CH08>现代卧室夜景表现>EVL樱桃.jpg"文件，并设置"凹凸"强度为10，如图8-29所示。材质球效果如图8-30所示。

图8-28

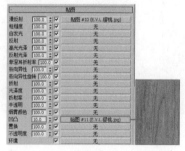

图8-29

图8-30

8.5.3 木地板

⊙ 材质特点

✳ 反光较强，哑光　　✳ 有纹理感

图8-31

01 选择一个空白材质球，转换为VRayMtl材质球。在"漫反射"通道中加载本书学习资源中的"实例文件> CH08>现代卧室夜景表现>木地板.jpg"文件，然后设置"反射"颜色为（红:159，绿:159，蓝: 159），接着设置"高光光泽度"为0.82、"反射光泽度"为0.85，如图8-31所示。

02 展开"双向反射分布函数"卷展栏，然后设置类型为"沃德"，如图8-32所示。

03 展开"贴图"卷展栏，然后在"凹凸"通道中加载本书学习资源中的"实例文件> CH08>现代卧室夜景表现>木地板.jpg"文件，并设置"凹凸"强度为5，如图8-33所示。材质球效果如图8-34所示。

图8-32

图8-33

图8-34

8.5.4 床品

⊙ 材质特点

✳ 纯色绒布　　✳ 光泽度较低

01 选择一个空白材质球，转换为VRayMtl材质球。在"漫反射"通道中加载一张"衰减"贴图，然后设置"前"通道颜色为（红:173，绿:173，蓝: 173），接着设置"侧"通道颜色为（红:228，绿:228，蓝: 228），最后设置"衰减类型"为"垂直/平行"，如图8-35所示。

02 设置"反射"颜色为（红:84，绿:84，蓝: 84），然后设置"反射光泽度"为0.6，如图8-36所示。材质球效果如图8-37所示。

图8-35

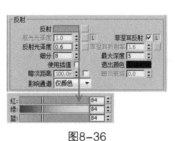

图8-36

图8-37

8.5.5 绒毯

⊙ 材质特点

✳ 纯色绒布　　✳ 光泽度高　　✳ 有明显的凹凸纹理

01 选择一个空白材质球，转换为VRayMtl材质球。在"漫反射"通道中加载一张"衰减"贴图，然后在"前"

通道中加载本书学习资源"实例文件> CH08>现代卧室夜景表现>绒毛地毯2.jpg"文件，接着在"侧"通道中加载本书学习资源中的"实例文件> CH08>现代卧室夜景表现>绒毛地毯1.jpg"文件，最后设置"衰减类型"为"垂直/平行"，如图8-38所示。

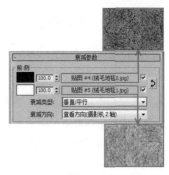

图8-38

02 在"反射"通道中加载一张"衰减"贴图，然后设置"侧"通道颜色为（红:65，绿:65，蓝: 65），接着设置"衰减类型"为Fresnel，再取消勾选"菲涅耳反射"选项，最后设置"反射光泽度"为0.65，如图8-39所示。

03 展开"贴图"卷展栏，然后在"凹凸"通道中加载本书学习资源中的"实例文件> CH08>现代卧室夜景表现>绒毛地毯2.jpg"的文件，并设置"凹凸"强度为80，如图8-40所示。材质球效果如图8-41所示。

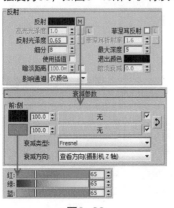

图8-39

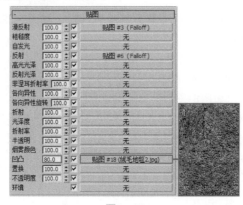

图8-40

图8-41

8.5.6 灯罩

⊙ 材质特点

✳ 纯色哑光 　✳ 半透明

01 选择一个空白材质球，转换为VRayMtl材质球。设置"漫反射"颜色为（红:248，绿:248，蓝: 248），然后设置"反射"颜色为（红:79，绿:79，蓝: 79），接着设置"高光光泽度"为0.7、"反射光泽度"为0.65、"细分"为10，如图8-42所示。

02 设置"折射"颜色为（红:40，绿:40，蓝:40），然后设置"折射率"为1.517，接着勾选"影响阴影"选项，如图8-43所示。材质球效果如图8-44所示。

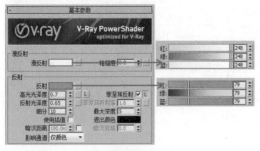

图8-42

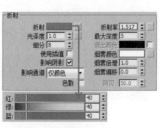

图8-43

图8-44

8.5.7 不锈钢

⊙ 材质特点 　✳ 反射度高 　✳ 表面磨砂，高光区域较大

01. 选择一个空白材质球，转换为VRayMtl材质球。设置"漫反射"颜色为（红:191，绿:191，蓝: 191），然后设置"反射"颜色为（红:173，绿:173，蓝: 173），接着设置"反射光泽度"为0.8，最后取消勾选"菲涅耳反射"选项，如图8-45所示。

02. 展开"双向反射分布函数"卷展栏，然后设置类型为"沃德"，如图8-46所示。材质球效果如图8-47所示。

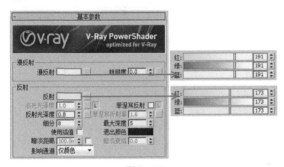

图8-45　　　　　　　　　　　　图8-46　　　　　　　　　　图8-47

8.5.8 窗玻璃

⊙ 材质特点

* 无色全透明　　* 光滑，反射度高

01. 选择一个空白材质球，转换为VRayMtl材质球。设置"漫反射"颜色为（红:0，绿:0，蓝: 0），然后设置"反射"颜色为（红:240，绿:240，蓝: 240），接着设置"细分"为3，如图8-48所示。

02. 设置"折射"颜色为（红:255，绿:255，蓝: 255），然后设置"折射率"为1.517，接着勾选"影响阴影"选项，如图8-49所示。材质球效果如图8-50所示。

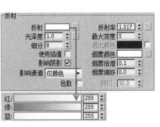

图8-48　　　　　　　　　　　图8-49　　　　　　　　　图8-50

8.5.9 画框木纹

⊙ 材质特点

* 材质表面较光滑　　* 反射较强　　* 较弱凹凸纹理

01. 选择一个空白材质球，转换为VRayMtl材质球。在"漫反射"通道中加载本书学习资源中的"实例文件>CH08>现代卧室夜景表现>木纹.jpg"文件，然后设置"反射"颜色为（红:34，绿:34，蓝:34），接着设置"反射光泽度"为0.8、"细分"为10，最后取消勾选"菲涅耳反射"选项，如图8-51所示。

02. 展开"贴图"卷展栏，然后在"凹凸"通道中加载本书学习资源中的"实例文件> CH08>现代卧室夜景表现>木纹.jpg"文件，并设置"凹凸"强度为10，如图8-52所示。材质球效果如图8-53所示。

图8-51　　　　　　　　　　　图8-52　　　　　　　　　　图8-53

8.5.10　窗框

⊙　材质特点

*　磨砂金属质感　　*　反射较强

01　选择一个空白材质球，转换为VRayMtl材质球。设置"漫反射"颜色为（红:46，绿:46，蓝:51），然后设置"反射"颜色为（红:198，绿:198，蓝:198），接着设置"高光光泽度"为0.8、"反射光泽度"为0.82，最后勾选"菲涅耳反射"选项，如图8-54所示。

02　展开"双向反射分布函数"卷展栏，然后设置类型为"沃德"，如图8-55所示。材质球效果如图8-56所示。

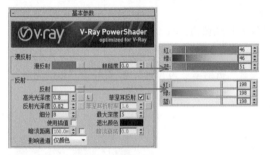

图8-54　　　　　　　　　　　　　图8-55　　　　　　　　　　图8-56

8.6　设置成图渲染参数

» 场景位置　　场景文件>CH08>01.max

» 实例位置　　实例文件>CH08>现代卧室夜景表现.max

» 学习目标　　掌握渲染光子、成图和通道的方法

扫码观看视频！

　设置好材质，并经过测试，就可以对场景进行最终渲染了。提前渲染光子图会提高渲染效率。

8.6.1　渲染并保存光子图

01　按F10键打开"渲染设置"面板，然后切换到VRay选项卡，并展开"全局开关"卷展栏，接着勾选"不渲染最终的图像"选项，如图8-57所示。

02　展开"图像采样器（抗锯齿）"卷展栏，然后设置"类型"为"自适应"，接着设置"过滤器"为Mitchell-Netravali，如图8-58所示。

03　展开"全局确定性蒙特卡洛"卷展栏，然后设置"自适应数量"为0.8，接着设置"噪波阈值"为0.005，最后设置"最小采样"为16，如图8-59所示。

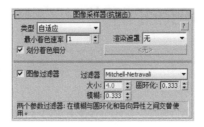

图8-57　　　　　　　　　　　图8-58　　　　　　　　　　　图8-59

04 切换到GI选项卡，然后展开"发光图"卷展栏，接着设置"当前预设"为"中"、"细分"为60、"插值采样"为30，再勾选"自动保存"和"切换到保存的贴图"选项，最后单击"浏览"按钮 保存光子图路径，如图8-60所示。

05 展开"灯光缓存"卷展栏，然后设置"细分"为1000，接着勾选"自动保存"和"切换到被保存的缓存"选项，最后单击"浏览"按钮 保存灯光缓存路径，如图8-61所示。

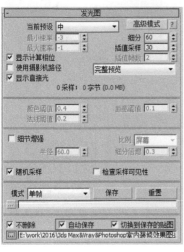

06 按F9键渲染当前场景，然后在保存路径中找到渲染好的光子图文件，如图8-62所示。

图8-60　　　　　　　　　　　图8-61　　　　　　　　　　　图8-62

8.6.2 渲染成图

01 按F10键打开"渲染设置"面板，然后在"公用"选项卡中设置"宽度"为2000、"高度"为1740，如图8-63所示。

02 切换到VRay选项卡，并展开"全局开关"卷展栏，接着取消勾选"不渲染最终的图像"选项，如图8-64所示。

03 按F9键渲染场景，效果如图8-65所示。

图8-63　　　　　　　图8-64　　　　　　　　　　　　图8-65

155

8.6.3 渲染VRayRenderID通道

下面渲染一张VRayRenderID通道，方便后续在Photoshop中进行后期制作。

01 按F10键打开"渲染设置"面板，然后切换到"渲染元素"选项卡，接着单击"添加"按钮，在弹出的对话框中选择VRayRenderID选项，如图8-66所示。

02 在"选定元素参数"中，勾选"启用"选项，然后设置通道图的保存路径，如图8-67所示。

03 按F9键渲染当前场景，VRayRenderID通道图如图8-68所示。

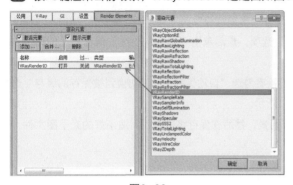

| 图8-66 | 图8-67 | 图8-68 |

8.7 Photoshop后期处理

» 场景位置　场景文件>CH08>01.max
» 实例位置　实例文件>CH08>现代卧室夜景表现.max
» 学习目标　掌握成图的后期处理的方法

扫码观看视频！

成图渲染好后，在Photoshop中进行后期调整。

01 在Photoshop中打开渲染成图和VRayRenderID通道，如图8-69所示。

02 使用"魔棒工具"通过通道图层选中床上的绒毯，如图8-70所示，然后按组合键Ctrl＋J把绒毯从"背景"图层上复制出来，如图8-71所示。

| 图8-69 | 图8-70 | 图8~71 |

03 执行"图像>调整>色阶"菜单命令，然后设置"色阶"参数如图8-72所示，效果如图8-73所示。

04 使用"魔棒工具"通过通道图层选中所有的木质材质，如图8-74所示，然后按组合键Ctrl＋J将选中的木质材质从"背景"图层上复制出来，如图8-75所示。

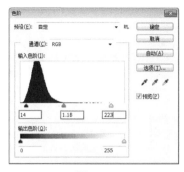

图8-72

图8-73

图8-74

图8-75

05 执行"图像>调整>色阶"菜单命令，然后设置"色阶"参数如图8-76所示，效果如图8-77所示。

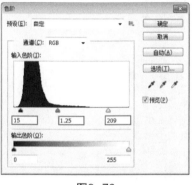

图8-76

图8-77

06 使用"魔棒工具"通过通道图层选中地板，如图8-78所示，然后按组合键Ctrl+J将选中的地板从"背景"图层上复制出来，如图8-79所示。

图8-78

图8-79

07 执行"图像>调整>色阶"菜单命令，然后设置"色阶"参数如图8-80所示，效果如图8-81所示。

Tips 调整地板部分的色阶，使地板材质更有层次感。

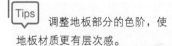

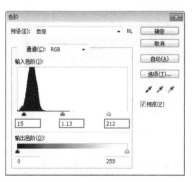

图8-80

图8-81

08 使用"魔棒工具"通过通道图层选中墙上的射灯模型，如图8-82所示，然后按组合键Ctrl+J将选中的射灯模型从"背景"图层上复制出来，如图8-83所示。

09 执行"图像>调整>色阶"菜单命令，然后设置"色阶"参数如图8-84所示，效果如图8-85所示。

10 选择顶层图层，然后按组合键Ctrl+Shift+Alt+E盖印所有图层，如图8-86所示。

图8-82　　　　　　　　　图8-83

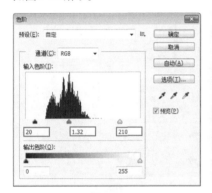

图8-84

图8-85　　　　　　　　　图8-86

11 执行"图像>调整>色阶"菜单命令，然后设置"曝光度"为0.8，如图8-87所示，效果如图8-88所示。

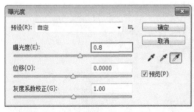

图8-87

图8-88

 即便是夜景效果，效果图的亮度也不宜过暗。

12 执行"图像>调整>色彩平衡"菜单命令，然后设置参数如图8-89所示，效果如图8-90所示。

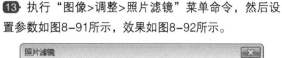

图8-89

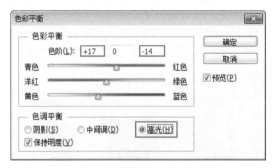

图8-90

13 执行"图像>调整>照片滤镜"菜单命令，然后设置参数如图8-91所示，效果如图8-92所示。

图8-91

图8-92

14 执行"图像>调整>自然饱和度"菜单命令，然后设置参数"自然饱和度"为-15，如图8-93所示，最终效果如图8-94所示。

Tips 降低"自然饱和度"是为了让画面显得更加真实。日常生活中的照片效果，饱和度不会很高。

图8-93

图8-94

8.8 "高级灰"色彩搭配

　　"高级灰"原本是指水粉画中一个色系或一组颜色，色彩经过调合后纯度通常偏低，给人的感觉是和谐的而不是单独的一个颜色。色彩的运用关键在于搭配，没有一个颜色是独立存在的，柔和、平静、稳重、和谐、统一、不强烈、不刺眼、没有冲突等等，色彩内含了丰富的元素。

　　最近几年，"高级灰"的色彩搭配概念在室内装修中大行其道，深受设计师和业主的喜爱。原因首先是"高级灰"适合做基调色，黑白灰是永恒的装修经典用色，也是百搭的色系之一；其次它能使人舒服、放松、不压抑，给人一种返璞归真的自然感。

　　"高级灰"不是狭义地指黑、白、灰这3种颜色，像淡蓝色、淡绿色、深红色等所有饱和度不高的颜色都属于灰色。图8-95所示是一幅优秀的"高级灰"室内效果图。

图8-95

　　"高级灰"色彩在搭配上是用黑、白、灰或咖啡做整体的基调颜色，然后以饱和度不高的其他颜色作为配色。常见的配色有蓝色、黄色、绿色和枚红色，再搭配原木、布料和金属配饰调整空间的质感。需要注意的是，无论是搭配的颜色还是配饰最好不要占据空间一半以上，这样会使得空间显得凌乱。图8-96~图8-98所示为别为3幅优秀的"高级灰"室内效果图。

图8-96　　　　　　　　　　　　　　　图8-97　　　　　　　　　　图8-98

第9章

现代厨房阴天的表现

* 掌握常用材质的表现方法   * 掌握阴天布光方法   * 掌握场景打光技巧

9.1 渲染空间简介

本例场景是一个厨房空间的阴天效果，在灯光方面主要突出自然光表现，灯光较为简单。在材质方面，瓷砖、大理石类是表现的重点，通过材质之间的反射来丰富场景的细节。

9.2 创建摄影机

» 场景位置　场景文件>CH09>01.max
» 实例位置　实例文件>CH09>现代厨房阴天表现.max
» 学习目标　掌握创建摄影机和设置测试渲染参数的方法

扫码观看视频！

01 打开本书学习资源"场景文件>CH09>01.max"文件，场景如图9-1所示。

02 在顶视图中创建一个"目标"摄影机，如图9-2所示。

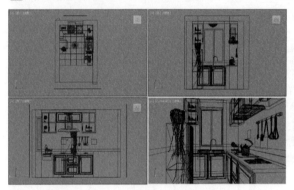
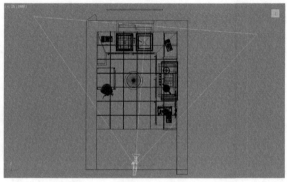

图9-1　　　　　　　　　　　　　　　　图9-2

03 在左视图中调整好摄影机的高度，如图9-3所示。

04 在"修改"面板中展开"参数"卷展栏，然后设置"镜头"为22mm，如图9-4所示。

05 切换到摄影机视图，效果如图9-5所示。

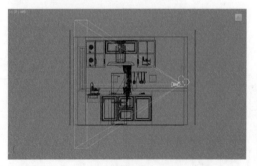

图9-3　　　　　　　　　　图9-4　　　　　　　　　　图9-5

9.3 设置测试渲染参数

下面设置场景的渲染参数，为下一步创建灯光和材质做准备，以方便及时测试渲染。

01 按F10键打开"渲染设置"面板，然后在"公用"选项卡中设置"宽度"为600、"高度"为450，如图9-6所示。

02 在VRay选项卡中，展开"图像采样器（抗锯齿）"卷展栏，然后设置"类型"为"固定"、"过滤器"为"区域"，如图9-7所示。

图9-6   图9-7

03 展开"全局确定性蒙特卡洛"卷展栏，然后设置"噪波阈值"为0.01，如图9-8所示。

04 在GI选项卡中，展开"全局照明"卷展栏，然后勾选"启用全局照明（GI）"选项，接着设置"首次引擎"为"发光图"、"二次引擎"为"灯光缓存"，如图9-9所示。

05 展开"发光图"卷展栏，然后设置"当前预设"为"自定义"，接着设置"最小速率"和"最大速率"均为-4，再设置"细分"为50，最后设置"插值采样"为20，如图9-10所示。

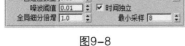

图9-8   图9-9   图9-10

06 展开"灯光缓存"卷展栏，然后设置"细分"为200，如图9-11所示。

07 在"设置"选项卡中，展开"系统"卷展栏，然后设置"渲染块宽度"为32、"序列"为"上→下"，如图9-12所示。

图9-11   图9-12

9.4 创建灯光

» 场景位置　场景文件>CH09>01.max
» 实例位置　实例文件>CH09>现代厨房阴天表现.max
» 学习目标　掌握创建场景灯光的方法

扫码观看视频！

摄影机和渲染测试参数设置好后，下面创建场景灯光。本例是一个阴天场景，以天光来照亮场景。

01 在窗外创建一盏"VRay灯光"，其位置如图9-13所示。

02 选中上一步创建的"VRay灯光"，然后展开"参数"卷展栏，设置参数如图9-14所示。

① 设置"类型"为"平面"。

② 设置"倍增"为6、"颜色"为（红:149，绿:174，蓝:220）。

③ 设置"1/2长"为429.166mm、"1/2宽"为651.413mm。

④ 勾选"不可见"选项。

⑤ 设置"细分"为16。

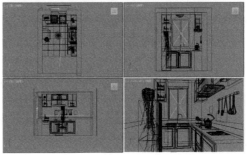

图9-13   图9-14

03 以"复制"的形式将该灯光复制一盏,位置如图9-15所示。

04 选中上一步创建的"VRay灯光",然后展开"参数"卷展栏,设置参数如图9-16所示。

① 设置"类型"为"平面"。

② 设置"倍增"为4、"颜色"为(红:249,绿:236,蓝:215)。

③ 设置"1/2长"为429.166mm、"1/2宽"为651.413mm。

④ 勾选"不可见"选项。

⑤ 设置"细分"为16。

05 按F9键,在摄影机视图渲染当前场景,如图9-17所示。

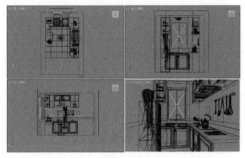  

图9-15   图9-16   图9-17

9.5 创建材质

» 场景位置　场景文件>CH09>01.max

» 实例位置　实例文件>CH09>现代厨房阴天表现.max

» 学习目标　掌握创建场景材质的方法

创建完灯光之后,接下来创建场景中的主要材质,如图9-18所示。对于场景中未讲解的材质,可以打开实例文件查看。

扫码观看视频!

图9-18

9.5.1 墙面瓷砖

⊙ 材质特点

* 表面光滑   * 反射度高

01 选择一个空白材质球,转换为VRayMtl材质球。在"漫反射"通道中加载一张"平铺"贴图,然后设置"预设类型"为"堆栈砌合",接着在"平铺设置"的"纹理"通道中加载本书学习资源中的"实例文件>CH09>现代厨房阴天表现> sl萨安那米黄.jpg"文件,再设置"砖缝设置"的"纹理"颜色为(红:255,绿:255,蓝:255),最后设置"水平间距"和"垂直间距"都为0.5,如图9-19所示。

02 设置"反射"颜色为(红:255,绿:255,蓝: 255),然后设置"高光光泽度"为0.9、"反射光泽度"为0.95,接着设置"细分"为25,如图9-20所示。

03 展开"贴图"卷展栏,然后将"漫反射"通道中的"平铺"贴图复制到"凹凸"通道中,接着设置"凹凸"

量为-10，如图9-21所示。材质球效果如图9-22所示。

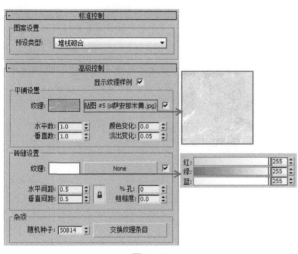

图9-20

图9-19

图9-21   图9-22

9.5.2 腰线

⊙ **材质特点**

＊ 反射较强，光泽度高　　＊ 有凹凸纹理感

01 选择一个空白材质球，转换为VRayMtl材质球。在"漫反射"通道中加载本书学习资源中的"实例文件 >CH09>现代厨房阴天表现>010马拼.gif"文件，然后设置"反射"颜色为（红:238，绿:238，蓝:238），接着设置"高光光泽度"为0.95、"反射光泽度"为0.95，如图9-23所示。

02 展开"贴图"卷展栏，然后将"漫反射"通道中的贴图复制到"凹凸"通道中，并设置"凹凸"强度为-30，如图9-24所示。材质球效果如图9-25所示。

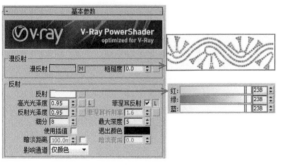

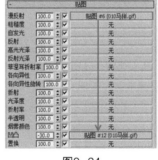

图9-23   图9-24   图9-25

9.5.3 黑色陶瓷

⊙ **材质特点**

＊ 表面光滑　　＊ 反射度高，高光小

01 选择一个空白材质球，转换为VRayMtl材质球。设置"漫反射"颜色为（红:25，绿:25，蓝: 25），然后设置"反射"颜色为（红:255，绿:255，蓝:255），接着设置"反射光泽度"为0.98，最后设置"细分"为5，如图9-26所示。

02 展开"双向反射分布函数"卷展栏，然后设置类型为"多面"，如图9-27所示。材质球效果如图9-28所示。

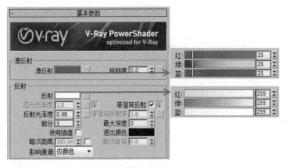

图9-26　　　　　　　　　图9-27　　　　　　　　　图9-28

9.5.4 塑钢窗

⊙ 材质特点

＊ 反射弱　　＊ 光滑，高光范围大

选择一个空白材质球，转换为VRayMtl材质球。设置"漫反射"颜色为（红:247，绿:255，蓝:255），然

后设置"反射"颜色为（红:8，绿: 8，蓝: 8），接着设置"高光光泽度"为0.65、"反射光泽度"为1、"细分"为20，最后取消勾选"菲涅耳反射"选项，如图9-29所示。材质球效果如图9-30所示。

图9-29　　　　　　　　　图9-30

9.5.5 地砖

⊙ 材质特点

＊ 哑光　　＊ 有凹凸感

01 选择一个空白材质球，转换为VRayMtl材质球。在"漫反射"通道中加载本书学习资源中的"实例文件> CH09>现代厨房阴天表现>阳台副本.jpg"文件，然后设置"反射"颜色为（红:215，绿:215，蓝:215），接着设置"高光光泽度"和"反射光泽度"均为0.85，如图9-31所示。

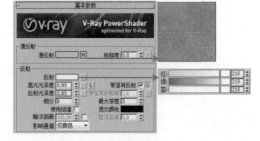

图9-31

02 展开"双向反射分布函数"卷展栏，然后设置类型为"沃德"，如图9-32所示。

03 展开"贴图"卷展栏，然后将"漫反射"通道中的贴图复制到"凹凸"通道中，接着设置"凹凸"强度为-45，如图9-33所示。材质球效果如图9-34所示。

图9-32　　　　　　　　　图9-33　　　　　　　　　图9-34

9.5.6 台面

⊙ 材质特点

＊ 强反射 ＊ 光滑，高光点小

01 选择一个空白材质球，转换为VRayMtl材质球。在"漫反射"通道中加载本书学习资源中的"实例文件>CH09>现代厨房阴天表现>西班牙米黄.jpg"文件，如图9-35所示。

02 设置"反射"颜色为（红:255，绿:255，蓝:255），然后设置"高光光泽度"为0.85、"反射光泽度"为0.95，接着设置"细分"为25，如图9-36所示。材质球效果如图9-37所示。

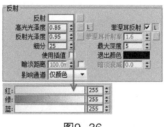

图9-35　　　　　　　　　图9-36　　　　　　　　　图9-37

9.5.7 白漆

⊙ 材质特点

＊ 反射度高 ＊ 表面磨砂，高光区域较大

选择一个空白材质球，转换为VRayMtl材质球。设置"漫反射"颜色为（红:255，绿:255，蓝:255），然后设置"反射"颜色为（红:218，绿:218，蓝:218），接着设置"高光光泽度"为0.65、"反射光泽度"为0.85，最后设置"细分"为30，如图9-38所示。材质球效果如图9-39所示。

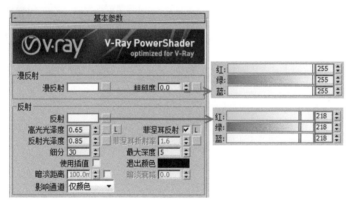
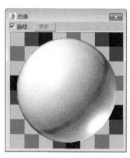

图9-38　　　　　　　　　　　　　　　　图9-39

9.5.8 金属把手

⊙ 材质特点

＊ 反射较强 ＊ 磨砂，高光范围大

01 选择一个空白材质球，转换为VRayMtl材质球。设置"漫反射"颜色为（红:57，绿:43，蓝:0），然后设置"反射"颜色为（红:181，绿:141，蓝:72），接着设置"高光光泽度"为0.85、"反射光泽度"为0.9，最后取消勾选"菲涅耳反射"选项，如图9-40所示。

02 展开"双向反射分布函数"卷展栏，然后设置类型为"沃德"，如图9-41所示。材质球效果如图9-42所示。

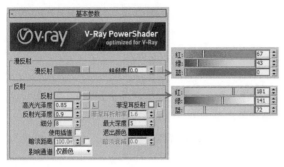

图9-40 图9-41 图9-42

9.5.9 不锈钢

⊙ 材质特点

＊ 材质表面较光滑 ＊ 反射较强

01 选择一个空白材质球，转换为VRayMtl材质球。设置"漫反射"颜色为（红:190，绿:190，蓝: 190），然后设置"反射"颜色为（红:242，绿:249，蓝:255），接着设置"高光光泽度"为0.85、"反射光泽度"为0.95，最后设置"菲涅耳折射率"为12，如图9-43所示。

02 展开"双向反射分布函数"卷展栏，然后设置类型为"沃德"，如图9-44所示。材质球效果如图9-45所示。

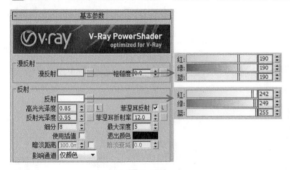

图9-43 图9-44 图9-45

9.5.10 玻璃

⊙ 材质特点

＊ 表面光滑 ＊ 反射较强 ＊ 全透明

01 选择一个空白材质球，转换为VRayMtl材质球。设置"漫反射"颜色为（红:255，绿:255，蓝:255），如图9-46所示。

02 在"反射"通道中加载一张"衰减"贴图，然后设置"前"通道颜色为（红:79，绿:79，蓝:79），接着设置"侧"通道颜色为（红:136，绿:136，蓝:136），再设置"衰减类型"为Fresnel，最后设置"反射光泽度"为0.98、"细分"为3，并取消勾选"菲涅耳反射"选项，如图9-47所示。

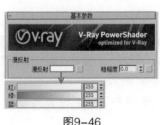

图9-46

图9-47

03 设置"折射"颜色为（红:255，绿:255，蓝:255），然后设置"折射率"为1.517，接着勾选"影响阴影"选项，如图9-48所示。材质球效果如图9-49所示。

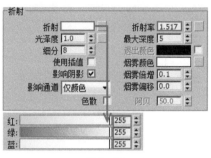

图9-48　　　　　　　　　　　　　　　图9-49

9.6 设置成图渲染参数

» 场景位置　场景文件>CH09>01.max
» 实例位置　实例文件>CH09>现代厨房阴天表现.max
» 学习目标　掌握渲染光子、成图和通道的方法

扫码观看视频！

设置好材质，并经过测试，就可以对场景进行最终渲染。提前渲染光子图会提高渲染效率。

9.6.1 渲染并保存光子图

01 按F10键打开"渲染设置"面板，然后切换到VRay选项卡，并展开"全局开关"卷展栏，接着勾选"不渲染最终的图像"选项，如图9-50所示。

02 展开"图像采样器（抗锯齿）"卷展栏，然后设置"类型"为"自适应"，接着设置"过滤器"为Mitchell-Netravali，如图9-51所示。

03 展开"全局确定性蒙特卡洛"卷展栏，然后设置"自适应数量"为0.8，接着设置"噪波阈值"为0.005，最后设置"最小采样"为16，如图9-52所示。

图9-50　　　　　　　　　　图9-51　　　　　　　　　　图9-52

04 切换到GI选项卡，然后展开"发光图"卷展栏，接着设置"当前预设"为"中"、"细分"为60、"插值采样"为30，再勾选"自动保存"和"切换到保存的贴图"选项，最后单击"浏览"按钮保存光子图路径，如图9-53所示。

图9-53

05 展开"灯光缓存"卷展栏，然后设置"细分"为1000，接着勾选"自动保存"和"切换到被保存的缓存"选项，最后单击"浏览"按钮...保存灯光缓存路径，如图9-54所示。

06 按F9键渲染当前场景，然后在保存路径中找到渲染好的光子图文件，如图9-55所示。

图9-54

图9-55

9.6.2 渲染成图

01 按F10键打开"渲染设置"面板，然后在"公用"选项卡中设置"宽度"为2000、"高度"为1500，如图9-56所示。

02 切换到VRay选项卡，并展开"全局开关"卷展栏，接着取消勾选"不渲染最终的图像"选项，如图9-57所示。

03 按F9键渲染场景，效果如图9-58所示。

图9-56

图9-57

图9-58

9.6.3 渲染AO通道

下面渲染一张AO通道，方便后续在Photoshop中进行后期制作。

01 选择一个空白材质球，转换为VRayMtl材质球。然后在"漫反射"通道中加载一张"VRay污垢"贴图，接着设置"半径"为300mm，如图9-59所示。材质球效果如图9-60所示。

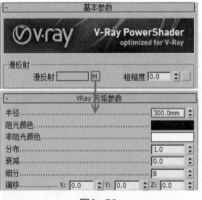

图9-59

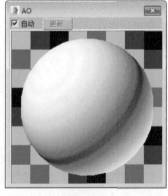

图9-60

02 按F10键打开"渲染设置"面板，切换到VRay选项卡，然后展开"全局开关"卷展栏，勾选"覆盖材质"选项，接着将AO材质球以"实例"的形式复制到通道中，如图9-61所示。

03 按F9键渲染当前场景，AO通道图如图9-62所示。

图9-61

图9-62

Tips 渲染AO通道时，隐藏窗户玻璃，这样可以不影响灯光照射。

9.7 Photoshop后期处理

» 场景位置　场景文件>CH09>01.max
» 实例位置　实例文件>CH09>现代厨房阴天表现.max
» 学习目标　对成图的后期处理

扫码观看视频！

成图渲染好后，在Photoshop中进行后期调整。

01 在Photoshop中打开渲染成图和AO通道，如图9-63所示。

02 选中AO图层，然后设置图层混合模式为"柔光"，如图9-64所示，效果如图9-65所示。

图9-64

图9-63

图9-65

03 执行"图像>调整>曝光度"菜单命令，然后设置"曝光度"为1.32、"位移"为-0.0437，参数如图9-66所示，效果如图9-67所示。

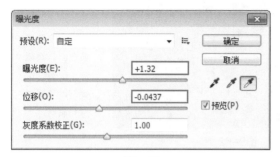

图9-66

04 执行"图像>调整>色彩平衡"菜单命令，参数设置如图9-68所示，效果如图9-69所示。

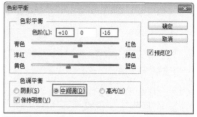

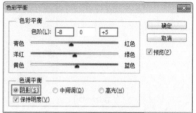

图9-68

图9-67

图9-69

05 执行"图像>调整>色阶"菜单命令，然后设置"色阶"参数如图9-70所示，效果如图9-71所示。

图9-70

图9-71

06 按组合键Ctrl + Shift + Alt + E盖印所有图层，然后设置图层的混合类型为"滤色"、"不透明度"为40%，如图9-72所示，效果如图9-73所示。

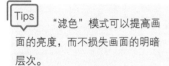

Tips "滤色"模式可以提高画面的亮度，而不损失画面的明暗层次。

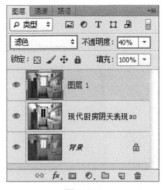

图9-72

图9-73

07 继续盖印所有图层，然后执行"滤镜>锐化>USM锐化"菜单命令，参数设置如图9-74所示，最终效果如图9-75所示。

图9-74

图9-75

9.8 场景打光技巧

第3章介绍的打光方式是以空间结构来进行划分的，还可以用时间和天气进行划分。除去了常见的日光和夜晚的场景，下面介绍阴天和傍晚环境的打光技巧。

阴天环境

本章讲解了阴天场景的制作方法。阴天场景在制作效果图时并不常见，该场景最容易出现的问题是明暗对比不明显，画面显得过于平淡。

阴天场景最主要的灯光是天光。通过偏灰的蓝色来模拟环境光。偏灰的蓝色可以凸显场景的阴暗，与晴天时纯蓝色的天光形成对比。但用灰蓝色灯光只能控制画面的整体氛围，还需要一盏灯光作为主光照亮场景。可以选择纯白色或是浅黄色作为主光，如图9-76所示。

室内的灯光亮度一般不会太高，颜色较暖。这样可以与天光阴冷的气氛相对应，凸显画面的冷暖对比，如图9-77所示。"颜色贴图"类型使用"莱因哈德"，使画面既不会曝光也能明暗层次清晰。

图9-76

图9-77

傍晚环境

傍晚环境接近夜晚，因此天光会选择纯深蓝色。天光强度仅仅能照亮整个场景即可，如图9-78所示。

用"VRay太阳"或"目标平行光"模拟暖黄色的夕阳，增强画面的冷暖对比和明暗层次，如图9-79所示。

图9-78

图9-79

第10章

现代浴室室内的表现

* 掌握常用材质的表现方法　　* 熟练掌握封闭空间布光方法　　* 掌握后期处理

10.1 渲染空间简介

　　本例场景是一个浴室空间，在灯光方面重点表现室内灯光之间的层次关系。通过不同反射和颜色的材质，丰富场景的细节，使场景显得不再单调。

10.2 创建摄影机

» 场景位置　场景文件>CH10>01.max
» 实例位置　实例文件>CH10>现代浴室室内表现.max
» 学习目标　创建摄影机和设置测试渲染参数

扫码观看视频！

01 打开本书学习资源"场景文件>CH10>01.max"文件，场景如图10-1所示。

02 在顶视图中创建一个"目标"摄影机，如图10-2所示。

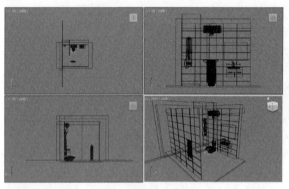

图10-1

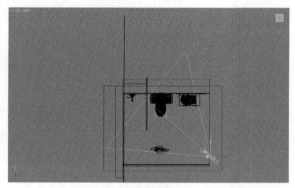

图10-2

03 在前视图中调整好摄影机的高度，如图10-3所示。

04 在"修改"面板中展开"参数"卷展栏，然后设置"镜头"为25mm，如图10-4所示。

05 切换到摄影机视图，效果如图10-5所示。

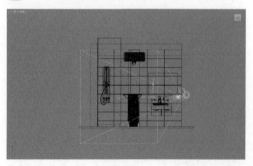

图10-3

图10-4

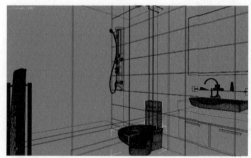

图10-5

10.3 设置测试渲染参数

　　下面设置场景的渲染参数，为下一步创建灯光和材质做准备，以方便及时测试渲染。

01. 按F10键打开"渲染设置"面板，然后在"公用"选项卡中设置"宽度"为600、"高度"为450，如图10-6所示。

02. 在VRay选项卡中，展开"图像采样器（抗锯齿）"卷展栏，然后设置"类型"为"固定"、"过滤器"为"区域"，如图10-7所示。

图10-6

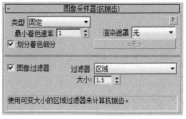

图10-7

03. 展开"全局确定性蒙特卡洛"卷展栏，然后设置"噪波阈值"为0.01，如图10-8所示。

04. 在GI选项卡中，展开"全局照明"卷展栏，然后勾选"启用全局照明（GI）"选项，接着设置"首次引擎"为"发光图"、"二次引擎"为"灯光缓存"，如图10-9所示。

05. 展开"发光图"卷展栏，然后设置"当前预设"为"自定义"，接着设置"最小速率"和"最大速率"都为-4，再设置"细分"为50，最后设置"插值采样"为20，如图10-10所示。

图10-8

图10-9

图10-10

06. 展开"灯光缓存"卷展栏，然后设置"细分"为200，如图10-11所示。

07. 在"设置"选项卡中，展开"系统"卷展栏，然后设置"渲染块宽度"为32、"序列"为"上→下"，如图10-12所示。

图10-11

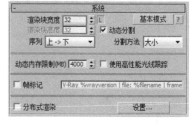

图10-12

10.4 创建灯光

» 场景位置 场景文件>CH10>01.max
» 实例位置 实例文件>CH10>现代浴室室内表现.max
» 学习目标 掌握室内灯光的创建的方法

扫码观看视频！

摄影机和渲染测试参数设置好后，下面创建场景灯光。本例重点表现室内灯光之间的层次关系。

10.4.1 创建天光

01. 在摄影机后方创建一盏"VRay灯光"，其位置如图10-13所示。

02. 选中上一步创建的"VRay灯光"，然后展开"参数"卷展栏，设置参数如图10-14所示。

① 设置"类型"为"平面"。

② 设置"倍增"为1.5、"颜色"为（红:102，绿:122，蓝:187）。

③ 设置"1/2长"为1191.939mm、"1/2宽"为1293.1mm。

④ 勾选"不可见"选项。

⑤ 设置"细分"为16。

03. 按F9键，在摄影机视图渲染当前场景，如图10-15所示。

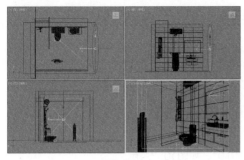

图10-13　　　　　　　　　　图10-14　　　　　　　　　　图10-15

 天光是用来照亮场景的暗部，不会在阴影暗部产生"死黑"效果，同时也使场景有冷暖对比。

10.4.2 室内光源

01 在浴室顶部创建一盏"VRay灯光"，其位置如图10-16所示。

02 选中上一步创建的"VRay灯光"，然后展开"参数"卷展栏，设置参数如图10-17所示。

① 设置"类型"为"平面"。

② 设置"倍增"为1.5、"颜色"为（红:255，绿:188，蓝:133）。

③ 设置"1/2长"为229.923mm、"1/2宽"为761.014mm。

④ 勾选"不可见"选项。

⑤ 设置"细分"为16。

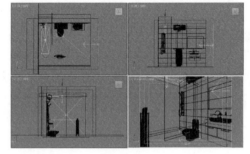

图10-16　　　　　　　　　图10-17

03 继续在顶部创建一盏"VRay灯光"，其位置如图10-18所示。

04 选中上一步创建的"VRay灯光"，然后展开"参数"卷展栏，设置参数如图10-19所示。

① 设置"类型"为"平面"。

② 设置"倍增"为1.2、"颜色"为（红:255，绿:188，蓝:133）。

③ 设置"1/2长"为774.842mm、"1/2宽"为761.014mm。

④ 勾选"不可见"选项。

⑤ 设置"细分"为16。

05 按F9键，在摄影机视图中渲染当前场景，如图10-20所示。

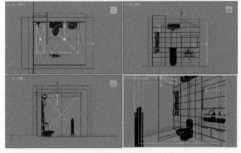

图10-18　　　　　　　　　图10-19　　　　　　　　　图10-20

 室内光源是用来照亮场景的主光，并给场景定一个暖色的基调。

10.4.3 创建筒灯

01 在场景内创建一盏"目标灯光",其位置如图10-21所示。

02 选中上一步创建的"VRay灯光",然后展开"参数"卷展栏,设置参数如图10-22所示。

　① 勾选阴影的"启用"选项,设置阴影类型为"VRay阴影"。

　② 设置"灯光分布(类型)"为"光度学Web",在通道中加载本书学习资源中的"实例文件>CH10>现代浴室室内表现>TD-029.IES"文件。

　③ 设置"过滤颜色"为(红:255,绿:213,蓝: 185),设置"强度"为34000。

03 以"实例"的形式复制灯光到其余模型上方,如图10-23所示。

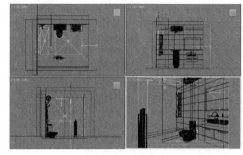

图10-21

04 按F9键,在摄影机视图渲染当前场景,如图10-24所示。

图10-22

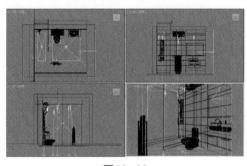

图10-23

图10-24

> **Tips**
>
> 本例中天光是冷光,室内光源和筒灯是暖光,这样可以凸显冷暖对比效果。而在室内的两种光源中,室内光源强度低,颜色暖,照亮整体空间;筒灯灯光强度高,颜色偏白,照亮模型,同时凸显明暗对比效果。整个画面既有冷暖对比,又有明暗层次。

10.5 创建材质

» 场景位置　场景文件>CH10>01.max
» 实例位置　实例文件>CH10>现代浴室室内表现.max
» 学习目标　掌握材质的创建的方法

创建完灯光之后,接下来创建场景中的主要材质,如图10-25所示。对于场景中未讲解的材质,可以打开实例文件查看。

扫码观看视频!

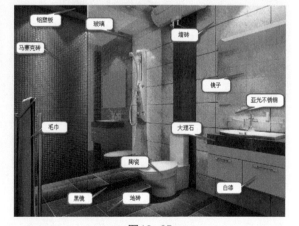

图10-25

10.5.1 马赛克砖

⊙ **材质特点**　＊ 凹凸强度高　　＊ 反射度高,半哑光

01 选择一个空白材质球，将其转换为VRayMtl材质球。在"漫反射"通道中加载本书学习资源中的"实例文件>CH10>现代浴室室内表现>马赛克.jpg"文件，然后设置"反射"颜色为（红:210，绿:210，蓝:210），接着设置"反射光泽度"为0.87，如图10-26所示。

02 展开"贴图"卷展栏，然后在"凹凸"通道中加载本书学习资源中的"实例文件>CH10>现代浴室室内表现>142常用bump.jpg"文件，接着设置"凹凸"量为50，如图10-27所示。材质球效果如图10-28所示。

 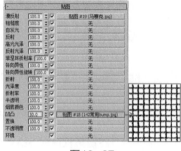 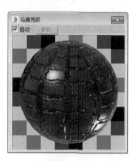

图10-26　　　　　　　　　　图10-27　　　　　　　　　　图10-28

10.5.2 地砖

⊙ 材质特点

＊ 反射较强，哑光　　＊ 有凹凸纹理感

01 选择一个空白材质球，转换为VRayMtl材质球。在"漫反射"通道中加载本书学习资源中的"实例文件>CH10>现代浴室室内表现>地砖.jpg"文件，然后设置"反射"颜色为（红:139，绿:139，蓝:139），接着设置"反射光泽度"为0.85，如图10-29所示。

02 展开"贴图"卷展栏，然后将"漫反射"通道中的贴图复制到"凹凸"通道中，并设置"凹凸"强度为-30，如图10-30所示。材质球效果如图10-31所示。

 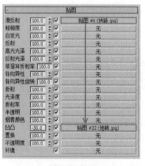 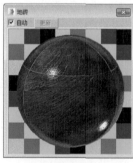

图10-29　　　　　　　　　　图10-30　　　　　　　　　　图10-31

10.5.3 墙砖

⊙ 材质特点

＊ 表面光滑　　＊ 反射度高，高光小

01 选择一个空白材质球，转换为VRayMtl材质球。在"漫反射"通道中加载本书学习资源中的"实例文件>CH10>现代浴室室内表现>022仿古砖.jpg"文件，如图10-32所示。

02 设置"反射"颜色为（红:230，绿:230，蓝:230），然后设置"反射光泽度"为0.87、"细分"为12，接着设置"菲涅耳折射率"为2，如图10-33所示。材质球效果如图10-34所示。

图10-32

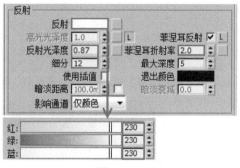

图10-33

图10-34

10.5.4 铝塑板

⊙ 材质特点

＊ 反射强　　＊ 光滑，高光范围小

01 选择一个空白材质球，转换为VRayMtl材质球。在"漫反射"通道中加载本书学习资源中的"实例文件>CH10>现代浴室室内表现>铝塑板.jpg"文件，然后设置"反射"颜色为（红:59，绿:59，蓝:59），接着设置"反射光泽度"为0.88，最后取消勾选"菲涅耳反射"选项，如图10-35所示。

02 展开"贴图"卷展栏，然后将"漫反射"通道中的贴图复制到"凹凸"通道中，并设置"凹凸"强度为30，如图10-36所示。材质球效果如图10-37所示。

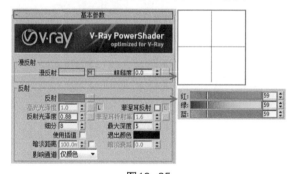

图10-35

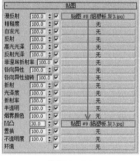

图10-36

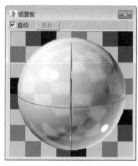

图10-37

10.5.5 镜子

⊙ 材质特点

＊ 反射度高　　＊ 表面光滑

选择一个空白材质球，转换为VRayMtl材质球。设置"漫反射"颜色为（红:34，绿:34，蓝:34），然后设置"反射"颜色为（红:255，绿:255，蓝:255），接着取消勾选"菲涅耳反射"选项，如图10-38所示。材质球效果如图10-39所示。

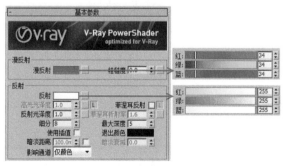

图10-38

图10-39

10.5.6 玻璃

⊙ 材质特点

＊ 强反射　　＊ 光滑，高光点小　　＊ 全透明

01 选择一个空白材质球，将其转换为VRayMtl材质球。设置"漫反射"颜色为（红:0，绿:0，蓝:0），如图10-40所示。

02 在"反射"通道加载一张"衰减"贴图，然后设置"前"通道颜色为（红:25，绿:25，蓝:25）、"侧"通道颜色为（红:255，绿:255，蓝:255），接着设置"衰减类型"为Fresnel，再设置"反射光泽度"为0.98，最后取消勾选"菲涅耳反射"选项，如图10-41所示。

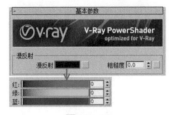

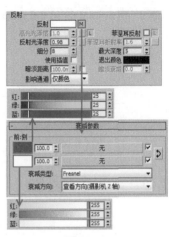

图10-40　　　　　　　　　　　图10-41

03 设置"折射"颜色为（红:255，绿:255，蓝:255），然后设置"细分"为12、"折射率"为1.517，接着设置"烟雾颜色"为（红:250，绿:255，蓝:252），再设置"烟雾倍增"为0.1，最后勾选"影响阴影"选项，如图10-42所示。材质球效果如图10-43所示。

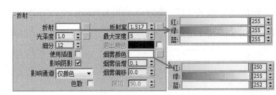

图10-42　　　　　　　　　　　图10-43

10.5.7 黑镜

⊙ 材质特点

＊ 反射度高　　＊ 表面光滑

选择一个空白材质球，转换为VRayMtl材质球。设置"漫反射"颜色为（红:0，绿:0，蓝:0），然后设置"反射"颜色为（红:42，绿:42，蓝:42），接着设置"反射光泽度"为0.95，最后设置"菲涅耳折射率"为12，如图10-44所示。材质球效果如图10-45所示。

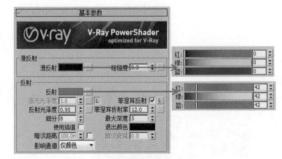

图10-44　　　　　　　　　　　图10-45

10.5.8 陶瓷

⊙ 材质特点

＊ 反射强　　＊ 表面光滑，高光范围小

选择一个空白材质球，转换为VRayMtl材质球。设置"漫反射"颜色为（红:226，绿:226，蓝:226），然后

设置"反射"颜色为（红:255，绿:255，蓝:255），接着设置"反射光泽度"为0.98，如图10-46所示。材质球效果如图10-47所示。

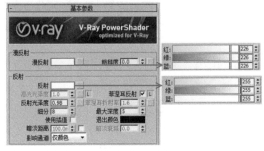

图10-46　　　　　　　　图10-47

10.5.9 大理石

⊙ **材质特点**

＊ 材质表面较光滑　　＊ 反射较强

选择一个空白材质球，将其转换为VRayMtl材质球。在"漫反射"通道中加载本书学习资源中的"实例文件>CH10>现代浴室室内表现>咖网.jpg"文件，然后设置"反射"颜色为（红:126，绿:126，蓝:126），接着设置"反射光泽度"为0.85，最后设置"菲涅耳折射率"为2，如图10-48所示。材质球效果如图10-49所示。

图10-48　　　　　　　　图10-49

10.5.10 亚光不锈钢

⊙ **材质特点**

＊ 表面磨砂　　＊ 反射较强

选择一个空白材质球，将其转换为VRayMtl材质球。设置"漫反射"颜色为（红:55，绿:55，蓝:55），然后设置"反射"颜色为（红:131，绿:154，蓝:183），接着设置"高光光泽度"为0.8、"反射光泽度"为0.85，最后取消勾选"菲涅耳反射"选项，如图10-50所示。材质球效果如图10-51所示。

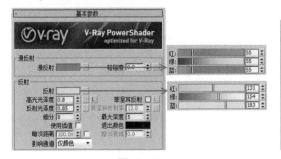

图10-50　　　　　　　　图10-51

10.5.11 毛巾

⊙ **材质特点**

＊ 绒布表面　　＊ 反射较弱

01 选择一个空白材质球，转换为VRayMtl材质球。在"漫反射"通道加载一张"衰减"贴图，然后在"前"

通道和"侧"通道中加载本书学习资源中的"实例文件>CH10>现代浴室室内表现>墙纸.jpg"文件，接着设置"侧"通道量为30，最后设置"衰减类型"为"垂直/平行"，如图10-52所示。

02 设置"反射"颜色为（红:52，绿:52，蓝:52），然后设置"反射光泽度"为0.65，如图10-53所示。

图10-52

图10-53

03 展开"贴图"卷展栏，然后在"凹凸"通道中加载本书学习资源中的"实例文件>CH10>现代浴室室内表现>002条壁.jpg"文件，然后设置"凹凸"强度为60，如图10-54所示。材质球效果如图10-55所示。

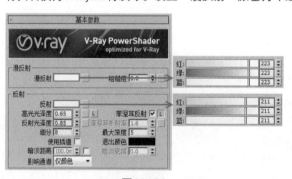

图10-54

图10-55

10.5.12 白漆

⊙ **材质特点**

* 半哑光　　* 反射较强

选择一个空白材质球，将其转换为VRayMtl材质球。设置"漫反射"颜色为（红:223，绿:223，蓝:223），然后设置"反射"颜色为（红:211，绿:211，蓝:211），接着设置"高光光泽度"为0.65、"反射光泽度"为0.85，如图10-56所示。材质球效果如图10-57所示。

图10-56

图10-57

10.6 设置成图渲染参数

» 场景位置　场景文件>CH10>01.max
» 实例位置　实例文件>CH10>现代浴室室内表现.max
» 学习目标　掌握渲染光子、成图和通道的方法

扫码观看视频！

设置好材质，并经过测试，就可以对场景进行最终渲染。提前渲染光子图会提高渲染效率。

10.6.1 渲染并保存光子图

01 按F10键打开"渲染设置"面板，然后切换到VRay选项卡，并展开"全局开关"卷展栏，接着勾选"不渲染最终的图像"选项，如图10-58所示。

02 展开"图像采样器（抗锯齿）"卷展栏，然后设置"类型"为"自适应"，接着设置"过滤器"为Mitchell-Netravali，如图10-59所示。

03 展开"全局确定性蒙特卡洛"卷展栏，然后设置"自适应数量"为0.8，接着设置"噪波阈值"为0.005，最后设置"最小采样"为16，如图10-60所示。

图10-58

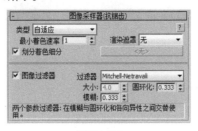

图10-59

图10-60

04 切换到GI选项卡，然后展开"发光图"卷展栏，接着设置"当前预设"为"中"、"细分"为60、"插值采样"为30，再勾选"自动保存"和"切换到保存的贴图"选项，最后单击"浏览"按钮 保存光子图路径，如图10-61所示。

05 展开"灯光缓存"卷展栏，然后设置"细分"为1000，接着勾选"自动保存"和"切换到被保存的缓存"选项，最后单击"浏览"按钮 保存灯光缓存路径，如图10-62所示。

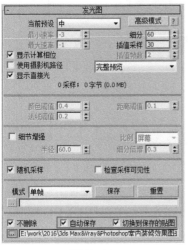

图10-61

06 按F9键渲染当前场景，然后在保存路径中找到渲染好的光子图文件，如图10-63所示。

图10-62

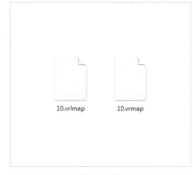

图10-63

10.6.2 渲染成图

01 按F10键打开"渲染设置"面板，然后在"公用"选项卡中设置"宽度"为2000、"高度"为1500，如图10-64所示。

02 切换到VRay选项卡，并展开"全局开关"卷展栏，接着取消勾选"不渲染最终的图像"选项，如图10-65所示。

03 按F9键渲染场景，效果如图10-66所示。

图10-64

图10-65

图10-66

10.6.3 渲染AO通道

下面渲染一张AO通道，方便后续在Photoshop中进行后期制作。

01 选择一个空白材质球，转换为VRayMtl材质球。然后在"漫反射"通道中加载一张"VRay污垢"贴图，接着设置"半径"为300mm，如图10-67所示。材质球效果如图10-68所示。

02 按F10键打开"渲染设置"面板，切换到VRay选项卡，然后展开"全局开关"卷展栏，勾选"覆盖材质"选项，接着将AO材质球以"实例"的形式复制到通道中，如图10-69所示。

03 按F9键渲染当前场景，AO通道图如图10-70所示。

图10-67

图10-68

图10-69

图10-70

10.6.4 渲染VRayRenderID通道

下面渲染一张VRayRenderID通道，方便后续在Photoshop中进行后期制作。

01 按F10键打开"渲染设置"面板，然后切换到"渲染元素"选项卡，接着单击"添加"按钮，在弹出的对话框中选择VRayRenderID选项，如图10-71所示。

02 在"选定元素参数"中，勾选"启用"选项，然后设置通道图的保存路径，如图10-72所示。

03 按F9键渲染当前场景，VRayRenderID通道图如图10-73所示。

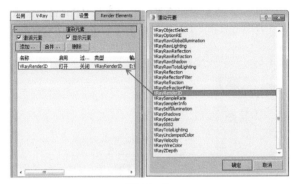

图10-71　　　　　　　图10-72　　　　　　　图10-73

10.7 Photoshop后期处理

» 场景位置　场景文件>CH10>01.max
» 实例位置　实例文件>CH10>现代浴室室内表现.max
» 学习目标　掌握成图后期处理的方法

扫码观看视频!

成图渲染好后，在Photoshop中进行后期调整。

01 在Photoshop中打开渲染成图、AO通道和VRayRenderID通道，如图10-74所示。

02 选中AO图层，然后设置图层混合模式为"柔光"，如图10-75所示，效果如图10-76所示。

图10-75

图10-74

图10-76

03 使用"魔棒工具"通过通道图层选中地砖材质，如图10-77所示，然后按组合键Ctrl＋J将选中的地砖材质从"背景"图层上复制出来，如图10-78所示。

图10-77　　　　　　　　　　　　　图10-78

04 执行"图像>调整>色阶"菜单命令，然后设置"色阶"参数如图10-79所示，效果如图10-80所示。

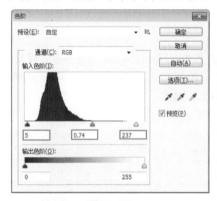

图10-79　　　　　　　　　　　　　图10-80

05 使用"魔棒工具"通过通道图层选中墙面的马赛克砖，如图10-81所示，然后按组合键Ctrl＋J将选中的马赛克砖从"背景"图层上复制出来，如图10-82所示。

图10-81　　　　　　　　　　　　　图10-82

06 执行"图像>调整>色阶"菜单命令，然后设置"色阶"参数如图10-83所示，效果如图10-84所示。

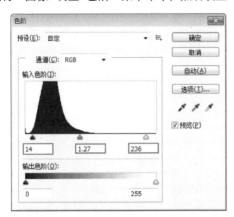

图10-83　　　　　　　　　　　　　　　　图10-84

07 使用"魔棒工具"通过通道图层选中玻璃隔断，如图10-85所示，然后按组合键Ctrl＋J将选中的玻璃隔断从"背景"图层上复制出来，如图10-86所示。

图10-85　　　　　　　　　　　　　　　　图10-86

08 执行"图像>调整>色阶"菜单命令，然后设置"色阶"参数如图10-87所示，效果如图10-88所示。

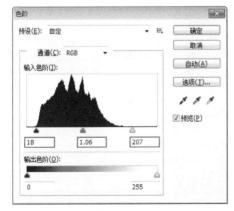

图10-87　　　　　　　　　　　　　　　　图10-88

09 使用"魔棒工具"通过通道图层选中金属把手和龙头，如图10-89所示，然后按组合键Ctrl+J将选中的金属把手和龙头从"背景"图层上复制出来，如图10-90所示。

图10-89　　　　　　　　　　　　　　图10-90

10 执行"图像>调整>色阶"菜单命令，然后设置"色阶"参数如图10-91所示，效果如图10-92所示。

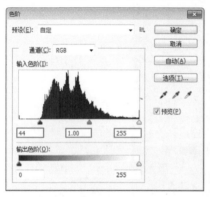

图10-91　　　　　　　　　　　　　　图10-92

11 使用"魔棒工具"通过通道图层选中墙砖，如图10-93所示，然后按组合键Ctrl+J将选中的墙砖从"背景"图层上复制出来，如图10-94所示。

图10-93　　　　　　　　　　　　　　图10-94

12 执行"图像>调整>色阶"
菜单命令，然后设置"色阶"
参数如图10-95所示，效果如
图10-96所示。

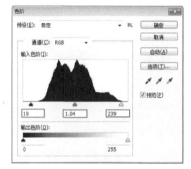

图10-95

图10-96

13 按组合键Ctrl+Shift+Alt+E盖印所有图层，如图10-97所示。

图10-97

14 执行"图像>调整>照片滤
镜"菜单命令，然后设置参数如
图10-98所示，效果如图10-99
所示。

图10-98

图10-99

15 执行"图像>调整>色彩平衡"菜单命令，然后设置参数如图10-100所示，最终效果如图10-101所示。

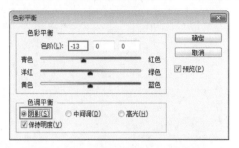

图10-100

图10-101

第11章

餐厅灯光的表现

* 掌握常用材质的表现方法　　* 熟练掌握工装空间布光方法　　* 掌握后期处理方法

11.1 渲染空间简介

本例场景是一个餐厅空间，在灯光方面重点表现室内灯光之间的层次关系和冷暖对比。通过不同反射的材质，丰富场景的细节，使场景显得不再单调。两个摄影机视角可以全面地展现餐厅的空间效果。

11.2 创建摄影机

» 场景位置　场景文件>CH11>01.max
» 实例位置　实例文件>CH11>餐厅灯光表现.max
» 学习目标　掌握创建摄影机和设置测试渲染参数的方法

扫码观看视频！

01 打开本书学习资源"场景文件>CH11>01.max"文件，场景如图11-1所示。

02 创建摄影机01。在顶视图中创建一个"目标"摄影机，如图11-2所示。

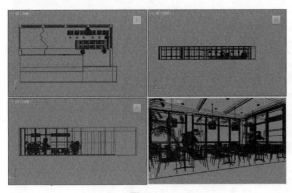

图11-1　　　　　　　　　　　　图11-2

03 在左视图中调整好摄影机的高度，如图11-3所示。

04 在"修改"面板中展开"参数"卷展栏，然后设置"镜头"为24mm，如图11-4所示。

05 将视图切换到摄影机视图，效果如图11-5所示。

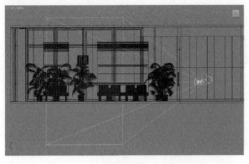

图11-3　　　　　　图11-4　　　　　　图11-5

06 下面创建摄影机02。在顶视图中创建一个"目标"摄影机，如图11-6所示。

07 在前视图中调整好摄影机的高度，如图11-7所示。

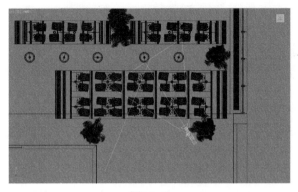

图11-6

图11-7

08 在"修改"面板中展开"修改"卷展栏,然后设置"镜头"为35mm,如图11-8所示。

09 切换到摄影机视图,效果如图11-9所示。

图11-8

图11-9

11.3 设置测试渲染参数

下面设置场景的渲染参数,为下一步创建灯光和材质做准备,以方便及时测试渲染。

01 按F10键打开"渲染设置"面板,然后在"公用"选项卡中设置"宽度"为600、"高度"为400,如图11-10所示。

02 在VRay选项卡中,展开"图像采样器(抗锯齿)"卷展栏,然后设置"类型"为"固定"、"过滤器"为"区域",如图11-11所示。

图11-10

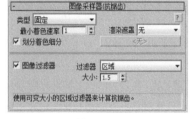

图11-11

03 展开"全局确定性蒙特卡洛"卷展栏,然后设置"噪波阈值"为0.01,如图11-12所示。

04 在GI选项卡中,展开"全局照明"卷展栏,然后勾选"启用全局照明(GI)"选项,接着设置"首次引擎"为"发光图"、"二次引擎"为"灯光缓存",如图11-13所示。

05 展开"发光图"卷展栏,然后设置"当前预设"为"自定义",接着设置"最小速率"和"最大速率"都为-4,再设置"细分"为50,最后设置"插值采样"为20,如图11-14所示。

图11-12

图11-13

图11-14

06 展开"灯光缓存"卷展栏，然后设置"细分"为200，如图11-15所示。

07 在"设置"选项卡中，展开"系统"卷展栏，然后设置"渲染块宽度"为32、"序列"为"上→下"，如图11-16所示。

图11-15

图11-16

11.4 创建灯光

» 场景位置　场景文件>CH11>01.max

» 实例位置　实例文件>CH11>餐厅灯光表现.max

» 学习目标　掌握创建场景灯光的方法

扫码观看视频！

摄影机和渲染测试参数设置好后，下面创建场景灯光。本例是一个夜晚场景，主要通过室内灯光来照亮场景。

11.4.1 创建天光

01 在窗外创建一盏"VRay灯光"，其位置如图11-17所示。

02 选中上一步创建的"VRay灯光"，然后展开"参数"卷展栏，设置参数如图11-18所示。

　① 设置"类型"为"平面"。

　② 设置"倍增"为1.5、"颜色"为（红:27，绿:31，蓝:75）。

　③ 设置"1/2长"为318.669cm、"1/2宽"为184.848cm。

　④ 勾选"不可见"选项。

　⑤ 设置"细分"为16。

图11-17

图11-18

03 以"实例"形式复制灯光到其余窗户模型外，位置如图11-19所示。

04 按F9键，在摄影机视图渲染当前场景，如图11-20所示。

图11-19

图11-20

11.4.2 创建吊灯

01 在吊灯内创建一盏VRay灯光，其位置如图11-21所示。

02 选中上一步创建的"VRay灯光"，然后展开"参数"卷展栏，设置参数如图11-22所示。

① 设置"类型"为"球体"。

② 设置"倍增"为20、"颜色"为（红:255，绿:214，蓝:171）。

③ 设置"半径"为5.558cm。

④ 设置"细分"为16。

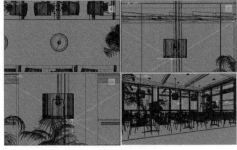

图11-21　　　　　　　　　　　　　　图11-22

03 以"实例"形式复制灯光到其余吊灯模型内，位置如图11-23所示。

04 按F9键，在摄影机视图渲染当前场景，如图11-24所示。

图11-23　　　　　　　　　　　　　图11-24

11.4.3 创建灯槽灯光

01 在靠窗的灯槽内创建一盏VRay灯光，其位置如图11-25所示。

02 选中上一步创建的"VRay灯光"，然后展开"参数"卷展栏，设置参数如图11-26所示。

① 设置"类型"为"平面"。

② 设置"倍增"为15、"颜色"为（红:255，绿:241，蓝:220）。

③ 设置"1/2长"为68cm、"1/2宽"为2.306cm。

④ 勾选"不可见"选项，取消勾选"影响反射"选项。

⑤ 设置"细分"为16。

图11-25　　　　　　　　　　　　　图11-26

03 以"实例"形式复制灯光到其余窗边的灯槽内，位置如图11-27所示。

04 在餐厅内侧的灯槽内创建一盏VRay灯光，其位置如图11-28所示。

图11-27　　　　　　　　　图11-28

05 选中上一步创建的"VRay灯光",然后展开"参数"卷展栏,设置参数如图11-29所示。

① 设置"类型"为"平面"。

② 设置"倍增"为15、"颜色"为(红:255,绿:241,蓝:220)。

③ 设置"1/2长"为138.733cm、"1/2宽"为2.306cm。

④ 勾选"不可见"选项,取消勾选"影响反射"选项。

⑤ 设置"细分"为16。

06 以"实例"形式复制灯光到其余内侧的灯槽内,位置如图11-30所示。

07 按F9键,在摄影机视图渲染当前场景,如图11-31所示。

图11-29

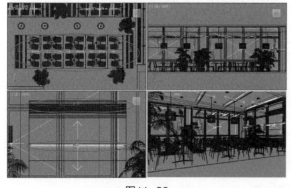

图11-30　　　　　　　　　　图11-31

11.4.4　创建射灯

01 在场景内创建一盏"目标灯光",其位置如图11-32所示。

02 选中上一步创建的"目标灯光",然后展开"参数"卷展栏,设置参数如图11-33所示。

① 勾选阴影中的"启用"选项,设置阴影类型为"VRay阴影"。

② 设置"灯光分布(类型)"为"光度学Web",在通道中加载本书学习资源中的"实例文件>CH11>餐厅灯光表现>3.ies"文件。

③ 设置"过滤颜色"为(红:255,绿:255,蓝:255),设置"强度"为1500。

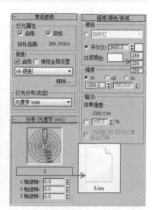

图11-32　　　　　　　　　　图11-33

03 以"实例"的形式复制灯光到其余位置，如图11-34所示。

04 按F9键，在摄影机视图渲染当前场景，如图11-35所示。

图11-34

图11-35

 Tips

"目标灯光"的位置不需要一定放在射灯模型下方，为了灯光效果，可以适当移动位置。

11.5 创建材质

» 场景位置　场景文件>CH11>01.max
» 实例位置　实例文件>CH11>餐厅灯光表现.max
» 学习目标　掌握创建场景材质的方法

创建完灯光之后，接下来创建场景中的主要材质，如图11-36所示。对于场景中未讲解的材质，可以打开实例文件查看。

扫码观看视频！

图11-36

11.5.1 吊顶木纹

⊙ 材质特点

* 高光点较大　　* 半哑光

01 选择一个空白材质球，转换为VRayMtl材质球。在"漫反射"通道中加载本书学习资源"实例文件>CH11>餐厅灯光表现>木纹.jpg"文件，如图11-37所示。

02 设置"反射"颜色为（红:122，绿:122，蓝:122），然后设置"高光光泽度"为0.6、"反射光泽度"为0.85，最后设置"细分"为16，如图11-38所示，材质球效果如图11-39所示。

图11-37

图11-38

图11-39

11.5.2 地板

⊙ 材质特点

* 高光范围大，光滑　　* 有细微凹凸纹理感

01 选择一个空白材质球，将其转换为VRayMtl材质球。在"漫反射"通道中加载本书学习资源中的"实例文件>CH11>餐厅灯光表现>木地板.jpg"文件，如图11-40所示。

02 设置"反射"颜色为（红:154，绿:154，蓝:154），然后设置"高光光泽度"为0.73、"反射光泽度"为0.9，接着设置"细分"为16，再设置"菲涅耳折射率"为2，最后设置"最大深度"为3，如图11-41所示。

03 展开"贴图"卷展栏，然后将"漫反射"通道中的贴图复制到"凹凸"通道中，并设置"凹凸"强度为5，如图11-42所示。材质球效果如图11-43所示。

图11-40　　　　　图11-41　　　　　图11-42　　　　　图11-43

11.5.3 地砖

⊙ 材质特点

* 高光范围大，哑光　　* 有纹理感

01 选择一个空白材质球，转换为VRayMtl材质球。在"漫反射"通道中加载本书学习资源中的"实例文件>CH11>餐厅灯光表现>地砖.jpg"文件，如图11-44所示。

02 设置"反射"颜色为（红:228，绿:228，蓝:228），然后设置"高光光泽度"为0.62、"反射光泽度"为0.77，接着设置"细分"为16，最后设置"菲涅耳折射率"为4，如图11-45所示。

03 展开"贴图"卷展栏，然后在"凹凸"通道中加载一张"法线凹凸"贴图，接着进入贴图，在"法线"通道中加载本书学习资源中的"实例文件>CH11>餐厅灯光表现>地砖N.jpg"文件，再设置"法线"通道强度为-15，最后设置"凹凸"通道强度为30，如图11-46所示，材质球效果如图11-47所示。

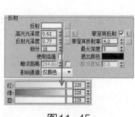
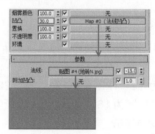

图11-44　　　　　图11-45　　　　　图11-46　　　　　图11-47

11.5.4 椅子布纹

⊙ 材质特点

* 表面有纹理感　　* 哑光，高光范围大

01 选择一个空白材质球，将其转换为VRayMtl材质球。在"漫反射"通道中加载一张"衰减"贴图，然后设置"衰减"贴图的"前"通道颜色为（红:234，绿:232，蓝:226），接着设置"侧"通道颜色为（红:250，绿:249，蓝:248），最后设置"衰减类型"为Fresnel，如图11-48所示。

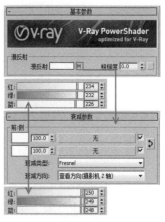

02 设置"反射"颜色为（红:102，绿:102，蓝:102），然后设置"高光光泽度"为0.55、"反射光泽度"为0.65，接着设置"细分"为26，再设置"菲涅耳折射率"为2.6，最后设置"最大深度"为3，如图11-49所示。

03 展开"贴图"卷展栏，然后在"凹凸"通道中加载本书学习资源中的"实例文件>CH11>餐厅灯光表现>布纹bump.jpg"文件，然后设置"凹凸"通道强度为30，如图11-50所示。材质球效果如图11-51所示。

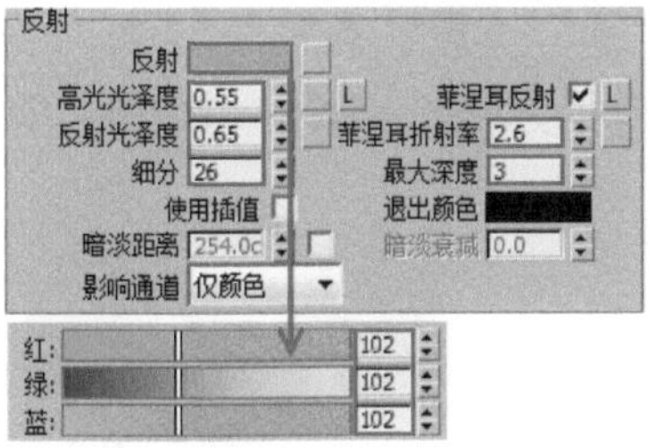

图11-48

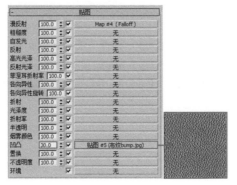

图11-49

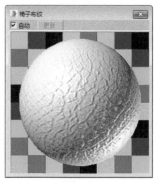

图11-50

图11-51

11.5.5 桌面白漆

⊙ **材质特点**

＊ 反射度高　　＊ 高光范围较大，表面光滑

选择一个空白材质球，将其转换为VRayMtl材质球。设置"漫反射"颜色为（红:245，绿:245，蓝:245），然后设置"反射"颜色为（红:94，绿:94，蓝:94），接着设置"高光光泽度"为0.75、"反射光泽度"为0.96，最后设置"菲涅耳折射率"为2.4，如图11-52所示。材质球效果如图11-53所示。

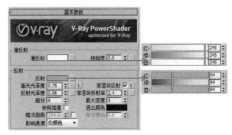

图11-52

图11-53

11.5.6 金属

⊙ **材质特点**

＊ 反射强　　＊ 表面光滑

选择一个空白材质球，将其转换为VRayMtl材质球。设置"漫反射"颜色为（红:12，绿:12，蓝:12），然后设置"反射"颜色为（红:243，绿:243，蓝:243），最后取消勾选"菲涅耳反射"选项，如图11-54所示。材质球效果如图11-55所示。

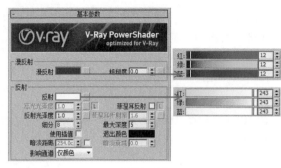

图11-54

图11-55

11.5.7 玻璃

⊙ 材质特点

* 反射度高，表面光滑　　* 全透明

01 选择一个空白材质球，转换为VRayMtl材质球。设置"漫反射"颜色为（红:229，绿:234，蓝:249），然后设置"反射"颜色为（红:255，绿:255，蓝:255），接着设置"菲涅耳折射率"为5，如图11-56所示。

02 设置"折射"颜色为（红:252，绿:252，蓝:252），然后设置"折射率"为1，如图11-57所示。材质球效果如图11-58所示。

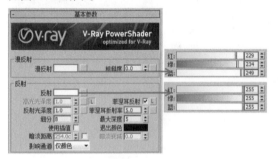

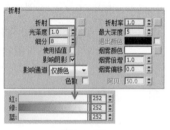

图11-56

图11-57

图11-58

11.5.8 灯罩

⊙ 材质特点

* 反射弱　　* 表面粗糙　　* 镂空

01 选择一个空白材质球，转换为VRayMtl材质球。在"漫反射"通道中加载本书学习资源中的"实例文件>CH11>餐厅灯光表现>灯罩.jpg"文件，然后设置"反射"颜色为（红:8，绿:8，蓝:8），接着设置"高光光泽度"为0.4、"反射光泽度"为0.7，最后取消勾选"菲涅耳反射"选项，如图11-59所示。

02 展开"贴图"卷展栏，然后将"漫反射"通道中的贴图向下复制到"凹凸"通道中，并设置"凹凸"通道强度为60，接着在"不透明度"通道中加载本书学习资源中的"实例文件>CH11>餐厅灯光表现>灯罩bump.jpg"文件，如图11-60所示。材质球效果如图11-61所示。

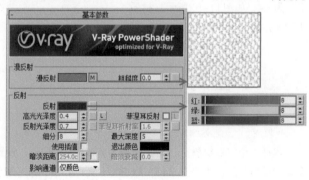

图11-59

图11-60　　　　　　　　　　　　　　图11-61

11.6 设置成图渲染参数

» 场景位置 场景文件>CH11>01.max
» 实例位置 实例文件>CH11>餐厅灯光表现.max
» 学习目标 掌握渲染光子、成图和通道的方法

扫码观看视频！

设置好材质，并经过测试，就可以对场景进行最终渲染。提前渲染光子图会提高渲染效率。

11.6.1 渲染并保存光子图

本场景有两个镜头，需要依次渲染每个镜头的光子。

01 按F10键打开"渲染设置"面板，然后切换到VRay选项卡，并展开"全局开关"卷展栏，接着勾选"不渲染最终的图像"选项，如图11-62所示。

02 展开"图像采样器（抗锯齿）"卷展栏，然后设置"类型"为"自适应"，接着设置"过滤器"为Mitchell-Netravali，如图11-63所示。

03 展开"全局确定性蒙特卡洛"卷展栏，然后设置"自适应数量"为0.8，接着设置"噪波阈值"为0.005，最后设置"最小采样"为16，如图11-64所示。

图11-62

图11-63

图11-64

04 切换到GI选项卡，然后展开"发光图"卷展栏，接着设置"当前预设"为"中"、"细分"为60、"插值采样"为30，再勾选"自动保存"和"切换到保存的贴图"选项，最后单击"浏览"按钮保存光子图路径，如图11-65所示。

图11-65

05 展开"灯光缓存"卷展栏，然后设置"细分"为1000，接着勾选"自动保存"和"切换到被保存的缓存"选项，最后单击"浏览"按钮 ⋯ 保存灯光缓存路径，如图11-66所示。

06 按F9键渲染镜头01和镜头02场景，然后在保存路径中找到渲染好的光子图文件，如图11-67和图11-68所示。

图11-66

图11-67

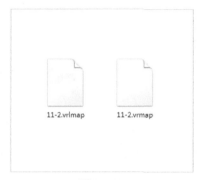

图11-68

11.6.2 渲染成图

01 按F10键打开"渲染设置"面板，然后在"公用"选项卡中设置"宽度"为2000、"高度"为1250，如图11-69所示。

02 切换到VRay选项卡，并展开"全局开关"卷展栏，接着取消勾选"不渲染最终的图像"选项，如图11-70所示。

图11-69

图11-70

03 按F9键渲染场景，效果如图11-71和图11-72所示。

图11-71

图11-72

渲染时要注意切换光子图，确保每个镜头的光子图相对应，否则会出现渲染错误。

11.6.3 渲染AO通道

下面渲染AO通道，方便后续在Photoshop中进行后期制作。

01 选择一个空白材质球，将其转换为VRayMtl材质球。然后在"漫反射"通道中加载一张"VRay污垢"贴图，接着设置"半径"为300mm，如图11-73所示。材质球效果如图11-74所示。

02 按F10键打开"渲染设置"面板,切换到VRay选项卡,然后展开"全局开关"卷展栏,勾选"覆盖材质"选项,接着将AO材质球以"实例"的形式复制到通道中,如图11-75所示。

图11-73　　　　　　　　　　图11-74　　　　　　　　　　图11-75

03 按F9键渲染当前场景,AO通道图如图11-76和图11-77所示。

图11-76　　　　　　　　　　　　　　　图11-77

11.6.4 渲染VRayRenderID通道

下面渲染一张VRayRenderID通道,方便后续在Photoshop中进行后期制作。

01 按F10键打开"渲染设置"面板,然后切换到"渲染元素"选项卡,接着单击"添加"按钮,在弹出的对话框中选择VRayRenderID选项,如图11-78所示。

02 在"选定元素参数"中,勾选"启用"选项,然后设置通道图的保存路径,如图11-79所示。

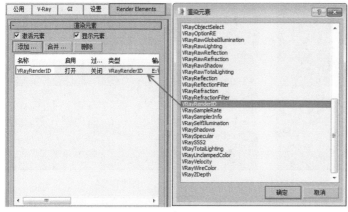

图11-78　　　　　　　　　　　　图11-79

03 按F9键渲染当前场景，VRayRenderID通道图如图11-80和图11-81所示。

图11-80

图11-81

11.7 Photoshop后期处理

» 场景位置　场景文件>CH11>01.max
» 实例位置　场景文件>CH11>01.max
» 学习目标　掌握成图的后期处理的方法

扫码观看视频！

　　成图渲染好后，在Photoshop中进行后期调整。下面以镜头01为例进行讲解。

01 在Photoshop中打开渲染成图、AO通道和VRayRenderID通道，如图11-82所示。

02 选中AO图层，然后设置图层混合模式为"柔光"、"不透明度"为50%，如图11-83所示，效果如图11-84所示。

图11-83

图11-82

图11-84

03 使用"魔棒工具"通过通道图层选中地板材质，如图11-85所示，然后按组合键Ctrl+J将选中的地板材质从"背景"图层上复制出来，如图11-86所示。

图11-85　　　　　　　　　　　　　　　　　　图11-86

04 执行"图像>调整>色阶"菜单命令，然后设置"色阶"参数如图11-87所示，效果如图11-88所示。

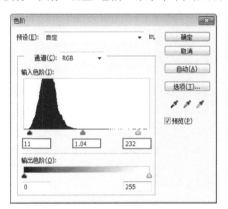

图11-87　　　　　　　　　　　　　　　　　图11-88

05 使用"魔棒工具"通过通道图层选中近处的地砖材质，如图11-89所示，然后按组合键Ctrl＋J从"背景"图层上复制出来，如图11-90所示。

图11-89　　　　　　　　　　　　　　　　图11-90

06 执行"图像>调整>色阶"菜单命令，然后设置"色阶"参数如图11-91所示，效果如图11-92所示。

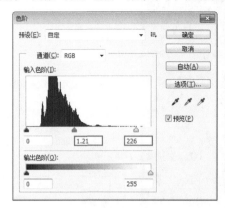

图11-91   图11-92

07 使用"魔棒工具"通过通道图层选中椅子布纹材质，如图11-93所示，然后按组合键Ctrl+J将选中的椅子布纹材质从"背景"图层上复制出来，如图11-94所示。

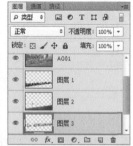

图11-93   图11-94

08 执行"图像>调整>色阶"菜单命令，然后设置"色阶"参数如图11-95所示，效果如图11-96所示。

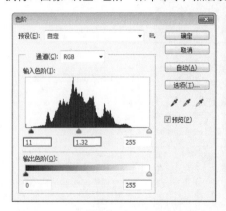

图11-95   图11-96

09 按组合键Ctrl + Shift + Alt + E盖印所有图层,得到"图层4",如图11-97所示。

图11-97

10 执行"图像>调整>色阶"菜单命令,然后设置参数如图11-98所示,效果如图11-99所示。

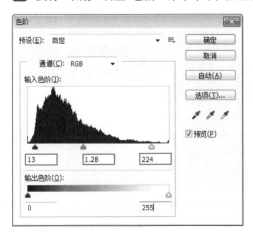

图11-98

图11-99

11 执行"图像>调整>色彩平衡"菜单命令,然后设置参数如图11-100所示,效果如图11-101所示。

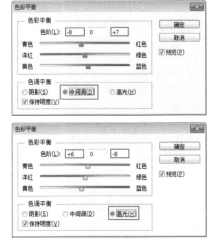

图11-100

图11-101

12 执行"图像>调整>自然饱和度"菜单命令,然后设置"自然饱和度"为-15,如图11-102所示,效果如图11-103所示。

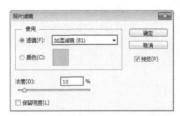

图11-102 　　　　　　　　　　　　　　　　图11-103

13 执行"图像>调整>照片滤镜"菜单命令,然后设置参数如图11-104所示,最终效果如图11-105所示。

图11-104 　　　　　　　　　　　　　　　　图11-105

14 镜头02经过后期处理后的效果如图11-106所示。

图11-106

11.8 多视角连续渲染设置技巧

本例的场景中包含两个摄影机，需要渲染两个角度。当渲染完一个角度后，需要手动加载另一个镜头角度的光子图。如果场景中包含更多的摄影机，需要逐一加载光子图，操作起来很繁琐。下面就讲解多角度连续渲染的设置技巧，可以一次性渲染出所有角度。

当渲染完一个摄影机角度的光子图后，调整渲染参数为渲染成图的参数。在"渲染设置"面板的顶部，单击"预设"选项的下拉菜单，然后选择"保存预设"选项，如图11-107所示。

图11-107

在弹出的"保存渲染预设"对话框中，设置文件名为c01，然后在弹出的对话框中，单击"保存"按钮，如图11-108所示。

以同样的方式保存另一个摄影机的角度的渲染预设文件。执行"渲染>批处理渲染"菜单命令，然后在弹出的对话框中，单击"添加"按钮两次，添加两个任务量，如图11-109所示。

设置好View01的输出路径，然后添加"摄影机"为Camera01，接着添加"预设值"为c01，如图11-110所示。

图11-108

图11-109

图11-110

> **Tips** 一个"预设值"对应一个任务。第一个视角的光子文件对应第一个摄影机,第二个视角的光子文件对应第二个摄影机,以此类推。

使用同样方法设置View02的参数,如图11-111所示。

图11-111

单击"渲染"按钮即可进行渲染。这样可以在不操作的情况下得到所有视角的成品图,而且还调用了光子图,节省了时间。

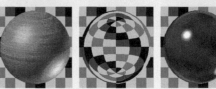

第12章

休闲室日景的表现

* 掌握常用材质的表现方法　　* 熟练掌握工装空间布光方法　　* 清理场景技巧

12.1 渲染空间简介

本例场景是一个休闲室空间，在灯光方面着重表现天光与日光。所用的材质反射较弱，以木纹类为主。整体风格偏北欧，颜色也较为简单，是近年装修设计的一大特点。

12.2 创建摄影机

» 场景位置　场景文件>CH12>01.max
» 实例位置　实例文件>CH12>休闲室日景表现.max
» 学习目标　掌握创建摄影机和设置测试渲染参数的方法

扫码观看视频！

01 打开本书学习资源"场景文件>CH12>01.max"文件，场景如图12-1所示。

02 在顶视图中创建一个"VRay物理摄影机"，如图12-2所示。

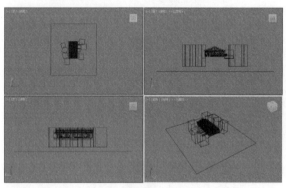

图12-1

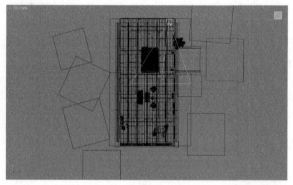

图12-2

03 在左视图中调整好摄影机的高度，如图12-3所示。

04 在"修改"面板中展开"基本参数"卷展栏，然后设置参数如图12-4所示。

05 将视图切换到摄影机视图，效果如图12-5所示。

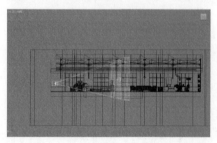

图12-3

图12-4

图12-5

12.3 设置测试渲染参数

下面设置场景的渲染参数，为下一步创建灯光和材质做准备，以方便及时测试渲染。

01 按F10键打开"渲染设置"面板，然后在"公用"选项卡中设置"宽度"为600、"高度"为338，如图12-6所示。

02 在VRay选项卡中，展开"图像采样器（抗锯齿）"卷展栏，然后设置"类型"为"固定"、"过滤器"为"区域"，如图12-7所示。

图12-6

图12-7

03 展开"全局确定性蒙特卡洛"卷展栏，然后设置"噪波阈值"为0.01，如图12-8所示。

04 在GI选项卡中，展开"全局照明"卷展栏，然后勾选"启用全局照明（GI）"选项，接着设置"首次引擎"为"发光图"、"二次引擎"为"灯光缓存"，如图12-9所示。

05 展开"发光图"卷展栏，然后设置"当前预设"为"自定义"，接着设置"最小速率"和"最大速率"都为-4，再设置"细分"为50，最后设置"插值采样"为20，如图12-10所示。

图12-8

图12-9

图12-10

06 展开"灯光缓存"卷展栏，然后设置"细分"为200，如图12-11所示。

07 在"设置"选项卡中，展开"系统"卷展栏，然后设置"渲染块宽度"为32、"序列"为"上→下"，如图12-12所示。

图12-11

图12-12

12.4 创建灯光

» 场景位置　场景文件>CH12>01.max
» 实例位置　实例文件>CH12>休闲室日景表现.max
» 学习目标　掌握创建场景灯光的方法

扫码观看视频！

摄影机和渲染测试参数设置好后，下面创建场景灯光。本例是一个日光场景，以日光和天光来照亮场景。

12.4.1 创建日光

01 在窗外创建一盏"VRay太阳"，并加载系统自带的"VRay天空"贴图，其位置如图12-13所示。

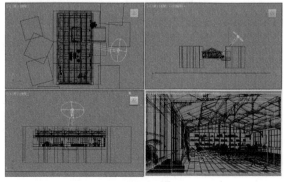

图12-13

02 选中上一步创建的"VRay太阳",然后展开"参数"卷展栏,设置"强度倍增"为0.5、"大小倍增"为5、"阴影细分"为8,参数如图12-14所示。

03 按F9键,在摄影机视图渲染当前场景,如图12-15所示。

图12-14

图12-15

12.4.2 创建天光

01 在窗外创建一盏"VRay灯光",其位置如图12-16所示。

02 选中上一步创建的"VRay灯光",然后展开"参数"卷展栏,设置参数如图12-17所示。

① 设置灯光"类型"为"平面"。

② 设置"倍增"为3,然后设置"颜色"为(红:154,绿:187,蓝:229)。

③ 设置"1/2长"为98.956mm、"1/2宽"为85.643mm。

④ 勾选"不可见"选项。

⑤ 设置"细分"为16。

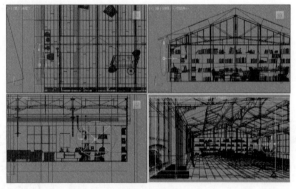

图12-16

图12-17

03 以"实例"的形式复制灯光到其余窗口外部,如图12-18所示。

04 按F9键,在摄影机视图渲染当前场景,如图12-19所示。

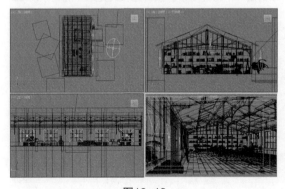

图12-18

图12-19

12.5 创建材质

» 场景位置　场景文件>CH12>01.max
» 实例位置　实例文件>CH12>休闲室日景表现.max
» 学习目标　掌握创建场景材质的方法

创建完灯光之后，接下来创建场景中的主要材质，如图12-20所示。对于场景中未讲解的材质，可以打开实例文件查看。

扫码观看视频！

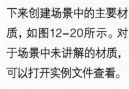

图12-20

12.5.1 木地板

⊙ 材质特点

＊ 反射度高，哑光　　＊ 有凹凸纹理

01 选择一个空白材质球，将其转换为VRayMtl材质球。在"漫反射"通道加载本书学习资源中的"实例文件>CH12>休闲室日景表现>木地板.jpg"文件，如图12-21所示。

02 设置"反射"颜色为（红:210，绿:210，蓝:210），然后在"反射光泽度"通道中加载一张"衰减"贴图，接着在"前"通道和"侧"通道中加载本书学习资源中的"实例文件>CH12>休闲室日景表现>木地板Bump.jpg"文件，再设置"衰减类型"为"垂直/平行"，最后设置"细分"为16，如图12-22所示。

图12-21

03 展开"贴图"卷展栏，然后在"凹凸"通道加载本书学习资源中的"实例文件>CH12>休闲室日景表现>木地板Bump.jpg"文件，然后设置"凹凸"强度为18，如图12-23所示。材质球效果如图12-24所示。

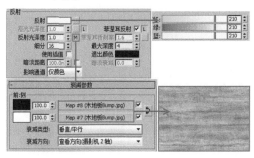

图12-22

图12-23

图12-24

12.5.2 灰色金属

⊙ 材质特点

＊ 磨砂质感　　＊ 反射较强

01 选择一个空白材质球，转换为VRayMtl材质球。在"漫反射"通道中加载一张"VRay污垢"贴图，然后设置"半径"为12.5mm、"非阻光颜色"为（红:131，绿:134，蓝:150），接着设置"衰减"为11.9、"细分"为16，如图12-25所示。

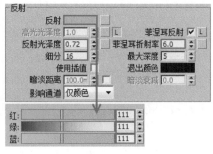

| 图12-25 | 图12-26 | 图12-27 |

02 设置"反射"颜色为（红:111，绿:114，蓝:111），然后设置"反射光泽度"为0.72、"细分"为16、"菲涅耳折射率"为6，如图12-26所示。材质球效果如图12-27所示。

12.5.3 茶几木纹

⊙ **材质特点**

∗ 反射度低　　∗ 表面粗糙

01 选择一个空白材质球，将其转换为VRayMtl材质球。在"漫反射"通道加载本书学习资源中的"实例文件>CH12>休闲室日景表现>茶几木纹.jpg"图片，如图12-28所示。

图12-28

02 在"反射"通道和"反射光泽"通道加载本书学习资源中的"实例文件>CH12>休闲室日景表现>茶几木纹B.jpg"图片，然后设置"细分"为16、"菲涅耳折射率"为2，如图12-29所示。

03 展开"贴图"卷展栏，然后设置"反射光泽"强度为45，接着在"凹凸"通道中加载本书学习资源中的"实例文件>CH12>休闲室日景表现>茶几木纹B.jpg"图片，最后设置"凹凸"强度为2，如图12-30所示。材质球效果如图12-31所示。

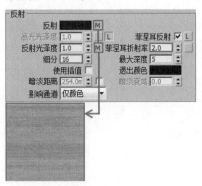

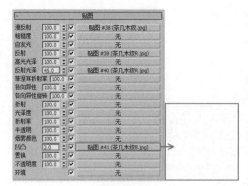

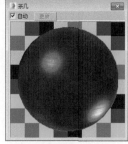

| 图12-29 | 图12-30 | 图12-31 |

12.5.4 椅子木纹

⊙ **材质特点**

∗ 反射较强　　∗ 半哑光，高光范围大

01 选择一个空白材质球，转换为VRayMtl材质球。在"漫反射"通道中加载本书学习资源中的"实例文件>CH12>休闲室日景表现>椅子木纹.jpg"图片，如图12-32所示。

02 设置"反射"颜色为（红:161，绿:133，蓝:104），然后设置"反射光泽度"为0.8、"细分"为12、"菲涅耳折射率"为3，接着在"反射"通道和"反射光泽"通道加载本书学习资源中的"实例文件>CH12>休闲室日景表现>椅子木纹B.jpg"图片，如图12-33所示。

03 展开"双向反射分布函数"卷展栏，然后设置类型为"沃德"，如图12-34所示。

图12-32

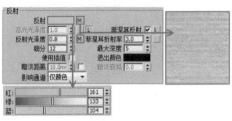

图12-33

图12-34

04 展开"贴图"卷展栏，然后设置"反射"通道强度为50、"反射光泽"通道强度为40，接着在"凹凸"通道加载本书学习资源中的"实例文件>CH12>休闲室日景表现>椅子木纹_mask.jpg"图片，并设置"凹凸"强度为1，如图12-35所示。材质球效果如图12-36所示。

图12-35

图12-36

12.5.5 塑料

⊙ 材质特点

* 反射较弱　　* 半哑光

选择一个空白材质球，转换为VRayMtl材质球。设置"漫反射"颜色为（红:6，绿:7，蓝:13），然后设置"反射"颜色为（红:42，绿:42，蓝:42），接着设置"反射光泽度"为0.75、"细分"为12、"菲涅耳折射率"为2.3，如图12-37所示。材质球效果如图12-38所示。

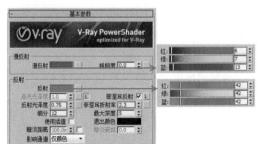

图12-37

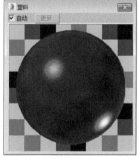

图12-38

12.5.6 镜子

⊙ 材质特点

＊ 全反射　　＊ 光滑

选择一个空白材质球，将其转换为VRayMtl材质球。设置"漫反射"颜色为（红:128，绿:128，蓝:128），然后设置"反射"颜色为（红:255，绿:255，蓝:255），如图12-39所示。材质球效果如图12-40所示。

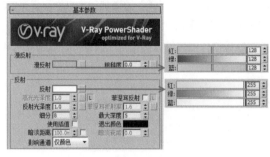

图12-39

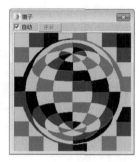

图12-40

12.5.7 陶瓷

⊙ 材质特点

＊ 反射度高　　＊ 表面半哑光

01 选择一个空白材质球，转换为VRayMtl材质球。设置"漫反射"颜色为（红:34，绿:0，蓝:2），然后设置"反射"颜色为（红:250，绿:250，蓝:250），接着设置"反射光泽度"为0.9，如图12-41所示。

02 展开"双向反射分布函数"卷展栏，然后设置类型为"沃德"，如图12-42所示。材质球效果如图12-43所示。

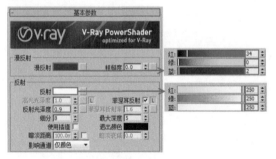

图12-41

图12-42

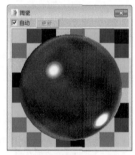

图12-43

12.5.8 地毯

⊙ 材质特点

＊ 反射弱　　＊ 绒布材质，纹理强

01 选择一个空白材质球，转换为VRayMtl材质球。在"漫反射"通道中加载一张"衰减"贴图，然后在"前"通道和"侧"通道中加载本书学习资源中的"实例文件>CH12>休闲室日景表现>地毯.jpg"图片，接着设置"侧"通道强度为90，再设置"衰减类型"为"垂直/平行"，如图12-44所示。

图12-44

02 设置"反射"颜色为（红:47，绿:47，蓝:47），然后设置"反射光泽度"为0.6，如图12-45所示。

03 展开"贴图"卷展栏，然后在"凹凸"通道中加载本书学习资源中的"实例文件>CH12>休闲室日景表现>
地毯.jpg"文件，然后设置"凹凸"通道强度为100，如图12-46所示。材质球效果如图12-47所示。

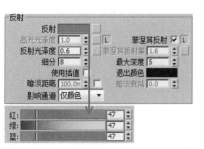

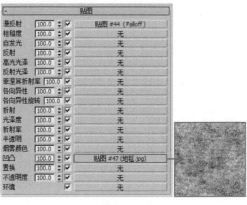

图12-45   图12-46   图12-47

12.6 设置成图渲染参数

» 场景位置 场景文件>CH12>01.max
» 实例位置 实例文件>CH12>休闲室日景表现.max
» 学习目标 掌握渲染光子、成图和通道的方法

扫码观看视频！

设置好材质，并经过测试，就可以对场景进行最终渲染。提前渲染光子图会提高渲染效率。

12.6.1 渲染并保存光子图

01 按F10键打开"渲染设置"面板，然后切换到VRay选项卡，并展开"全局开关"卷展栏，接着勾选"不渲染
最终的图像"选项，如图12-48所示。

02 展开"图像采样器（抗锯齿）"卷展栏，然后设置"类型"为"自适应"，接着设置"过滤器"为Mitchell-
Netravali，如图12-49所示。

03 展开"全局确定性蒙特卡洛"卷展栏，然后设置"自适应数量"为0.8，接着设置"噪波阈值"为0.005，最
后设置"最小采样"为16，如图12-50所示。

图12-48   图12-49   图12-50

04 切换到GI选项卡，然后展开"发光图"卷展栏，接着设置"当前预设"为"中"、"细分"为60、"插值
采样"为30，再勾选"自动保存"和"切换到保存的贴图"选项，最后单击"浏览"按钮 ⋯ 保存光子图路径，
如图12-51所示。

05 展开"灯光缓存"卷展栏，然后设置"细分"为1000，接着勾选"自动保存"和"切换到被保存的缓存"

选项，最后单击"浏览"按钮▪▪▪保存灯光缓存路径，如图12-52所示。

06 按F9键渲染场景，然后在保存路径中找到渲染好的光子图文件，如图12-53所示。

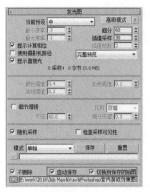

图12-51　　　　　　　　图12-52　　　　　　　　图12-53

12.6.2　渲染成图

01 按F10键打开"渲染设置"面板，然后在"公用"选项卡中设置"宽度"为2000、"高度"为1127，如图12-54所示。

02 切换到VRay选项卡，并展开"全局开关"卷展栏，接着取消勾选"不渲染最终的图像"选项，如图12-55所示。

03 按F9键渲染场景，效果如图12-56所示。

图12-54　　　　　　　图12-55　　　　　　　　　　　　图12-56

12.6.3　渲染AO通道

下面渲染AO通道，方便后续在Photoshop中进行后期制作。

01 选择一个空白材质球，将其转换为VRayMtl材质球。然后在"漫反射"通道中加载一张"VRay污垢"贴图，接着设置"半径"为300mm，如图12-57所示。材质球效果如图12-58所示。

02 按F10键打开"渲染设置"面板，切换到VRay选项卡，然后展开"全局开关"卷展栏，勾选"覆盖材质"选项，接着将AO材质球以"实例"的形式复制到通道中，如图12-59所示。

图12-57

03 按F9键渲染当前场景，AO通道图如图12-60所示。

图12-58　　　　　　　图12-59　　　　　　　　　　　图12-60

12.6.4 渲染VRayRenderID通道

下面渲染一张VRayRenderID通道，方便后续在Photoshop中进行后期制作。

01 按F10键打开"渲染设置"面板，然后切换到"渲染元素"选项卡，接着单击"添加"按钮，在弹出的对话框中选择VRayRenderID选项，如图12-61所示。

图12-61

02 在"选定元素参数"中，勾选"启用"选项，然后设置通道图的保存路径，如图12-62所示。

03 按F9键渲染当前场景，VRayRenderID通道图如图12-63所示。

图12-63

图12-62

12.7 Photoshop后期处理

» 场景位置　场景文件>CH12>01.max
» 实例位置　实例文件>CH12>休闲室日景表现.max
» 学习目标　掌握成图的后期处理的方法

扫码观看视频！

成图渲染好后，在Photoshop中进行后期调整。

01 在Photoshop中打开渲染成图、AO通道和VRayRenderID通道，如图12-64所示。

图12-64

02 选中AO图层，然后设置图层混合模式为"柔光"，如图12-65所示，效果如图12-66所示。

图12-65 图12-66

03 使用"魔棒工具"通过通道图层选中地板材质，如图12-67所示，然后按组合键Ctrl＋J将选中的地板材质从"背景"图层上复制出来，如图12-68所示。

图12-67 图12-68

04 执行"图像>调整>色阶"菜单命令，然后设置"色阶"参数如图12-69所示，效果如图12-70所示。

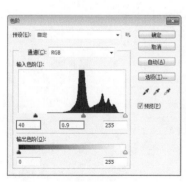

图12-69 图12-70

05 使用"魔棒工具"通过通道图层选中茶几，如图12-71所示，然后按组合键Ctrl＋J将选中的茶几从"背景"图层上复制出来，如图12-72所示。

图12-71 图12-72

06 执行"图像>调整>色阶"菜单命令，然后设置"色阶"参数如图12-73所示，效果如图12-74所示。

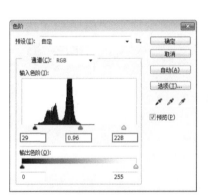

图12-73 图12-74

07 使用"魔棒工具"通过通道图层选中顶部灰色金属，如图12-75所示，然后按组合键Ctrl＋J将选中的灰色金属从"背景"图层上复制出来，如图12-76所示。

图12-75 图12-76

08 执行"图像>调整>色阶"菜单命令,然后设置"色阶"参数如图12-77所示,效果如图12-78所示。

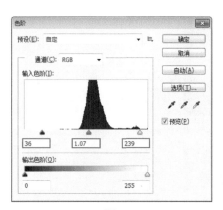

图12-77

图12-78

09 执行"图像>调整>色相/饱和度"菜单命令,然后设置"色相/饱和度"参数如图12-79所示,效果如图12-80所示。

图12-79

图12-80

10 按组合键Ctrl + Shift + Alt + E盖印所有图层,如图12-81所示。

11 执行"图像>调整>色阶"菜单命令,然后设置参数如图12-82所示,效果如图12-83所示。

图12~81

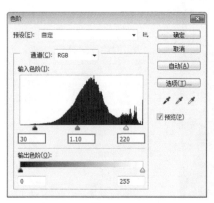

图12-82

图12-83

⑫ 执行"图像>调整>色彩平衡"菜单命令，然后设置参数如图12-84所示，效果如图12-85所示。

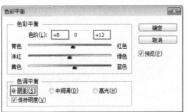

图12-84

图12-85

⑬ 在顶层新建一个图层，然后填充黑色，如图12-86所示。

⑭ 执行"滤镜>渲染>镜头光晕"菜单命令，然后设置参数如图12-87所示。

⑮ 将"图层5"的混合模式设置为"滤色"，如图12-88所示，效果如图12-89所示。

图12-86   图12-87   图12-88

图12-89

16 选中"图层4"执行"图像>调整>自然饱和度"菜单命令，然后设置"自然饱和度"为20，如图12-90所示，最终效果如图12-91所示。

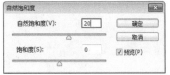

图12-90　　　　　　　　　　　　　　　　图12-91

12.8　清理场景技巧

在日常效果图制作中，需要导入很多外部模型。我们在操作时，经常会发现导入的模型文件很小，但保存的场景文件却很大，制作场景时计算机越来越卡，保存文件时间也很长，渲染反应速度也十分慢。遇到这种情况多半是场景内冗余文件造成的，需要手动清理掉这些场景内看不见的冗余文件。

清理的方法有很多种，最有效的方法就是在网上下载一些配套插件，可以一键清理。如果不想依靠插件，也可以用3ds Max自身的功能进行处理。

按F11键打开"MAXScript侦听器"对话框，然后复制代码"t=trackviewnodes;n=t[#Max_MotionClip_Manager];deleteTrackViewController t n.controller"到对话框内，接着按回车键。如果出现英文提示OK，即表示清理成功；如果出现提示"未知属性："controller"位于 undefined"，则表示场景内没有冗余文件，如图12-92所示。当场景清理完成后，用"另存为"命令保存场景。

图12-92

清理了场景后，如果场景文件依旧很大，则是因为场景中的模型面很多。当计算机配置较低时，对这种场景进行操作便会出现卡顿或是"未响应"状态。

将面数较多的模型转换为线框显示，或是转换为VRay代理模型，这两种方法都可以使场景操作更加顺畅。这两种方法又各有利弊：转换为VRay代理模型，必须将需要转换的所有模型塌陷在一起，材质球也会自动生成为多维子材质，不利于后面的修改；转换为线框显示的模型，在需要修改材质时，必须重新转换为原有状态。